U0339371

EARTH GRID

地球的网格

——盖亚的神秘图案

[美] 休·纽曼——著　卢华国　高书瑶——译

CNS 湖南科学技术出版社 · 长沙

图书在版编目（CIP）数据

地球的网格 ：盖亚的神秘图案 /（美）休·纽曼著 ；卢华国，高书瑶译．— 长沙 ：湖南科学技术出版社，2024．5（科学之美）
ISBN 978-7-5710-2831-2

Ⅰ．①地… Ⅱ．①休… ②卢… ③高… Ⅲ．①网格－普及读物 Ⅳ．①O243-49

中国国家版本馆 CIP 数据核字（2024）第 075849 号

DIQIU DE WANGGE GAIYA DE SHENMI TU' AN

地球的网格 盖亚的神秘图案

著　　者：［美］休·纽曼
译　　者：卢华国　高书瑶
出 版 人：潘晓山
责任编辑：刘　英　李　媛
版式设计：王语瑶
出版发行：湖南科学技术出版社
社　　址：长沙市芙蓉中路一段 416 号泊富国际金融中心
网　　址：http://www.hnstp.com
湖南科学技术出版社天猫旗舰店网址：
　　　　　http://hnkjcbs.tmall.com
邮购联系：0731-84375808
印　　刷：长沙超峰印刷有限公司
厂　　址：湖南省宁乡市金州新区泉洲北路 100 号
邮　　编：410600
版　　次：2024 年 5 月第 1 版
印　　次：2024 年 5 月第 1 次印刷
开　　本：889mm×1290mm　1/32
印　　张：2.125
字　　数：120 千字
书　　号：ISBN 978-7-5710-2831-2
定　　价：45.00 元

EARTH GRIDS

THE SECRET PATTERNS OF GAIA'S SACRED SITES

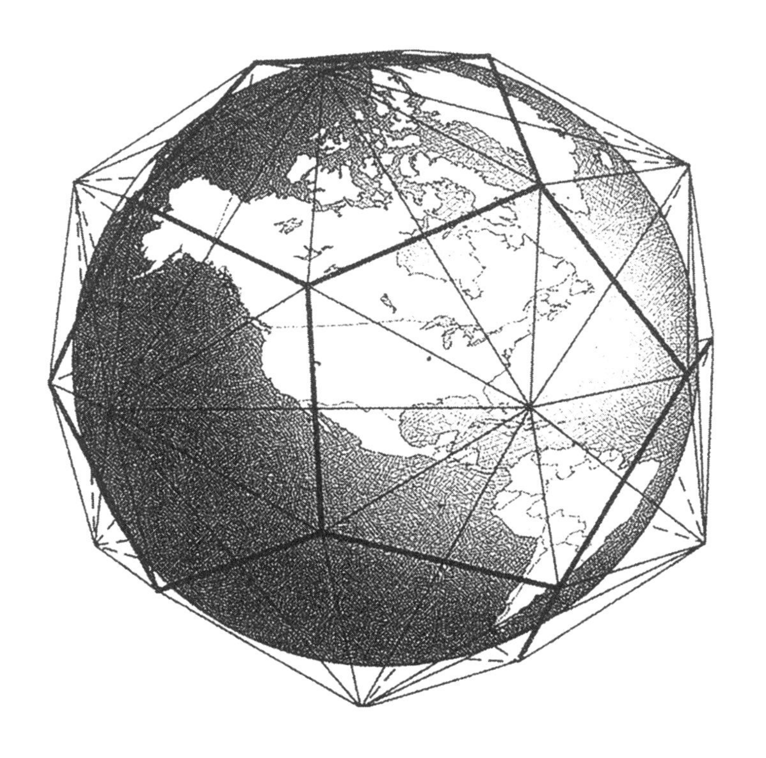

Hugh Newman

First published 2008

Published by Wooden Books Ltd.
Glastonbury, Somerset

British Library Cataloguing in Publication Data
Newman, H.
Earth Grids

A CIP catalogue record for this book
may be obtained from the British Library

ISBN-10: 1-904263-64-x
ISBN-13: 978-1-904263-64-7

Designed and typeset in Glastonbury, UK.

Printed and bound using sustainable papers
by Violet Rose Ltd, China.

我想特别感谢我的母亲梅格·凯奇，还要感谢肖恩·柯万、杰夫·斯特雷、贝特·哈根斯、兰德·弗列姆·亚斯、罗宾·希斯、罗伊·斯内林和我的编辑约翰·马丁诺。感谢贝特·哈根斯和威廉·贝克尔绘制的大量图片；感谢艾伦·霍洛威、以马内利·马丁、肖恩·柯万、珍妮特·劳埃德·戴维斯绘制本书其他插图。感谢保罗·德弗鲁、约翰·米歇尔、伊恩·汤普森、约翰·伯克、大卫·哈彻·柴尔德里斯、兰德·弗列姆·亚斯、大卫·津克、布鲁斯·卡西、尼古拉斯·曼、理查德·唐纳利和罗伯特·库恩对图像的运用。图像生成使用了约翰·马丁诺的世界网格计划和“谷歌地球”，后者使用了贝特·哈根斯“统一矢量几何网格”。

补充书目：《亚特兰蒂斯蓝图》（兰德·弗列姆·亚斯和柯林·威尔逊著）、《反重力和世界网格》（大卫·哈彻·柴尔德里斯编）、《世界神秘地图集》（弗朗西斯·希钦著）、《能量网格》（布鲁斯·卡西著）和《阿尔比恩测量》（约翰·米歇尔和罗宾·希斯著）。

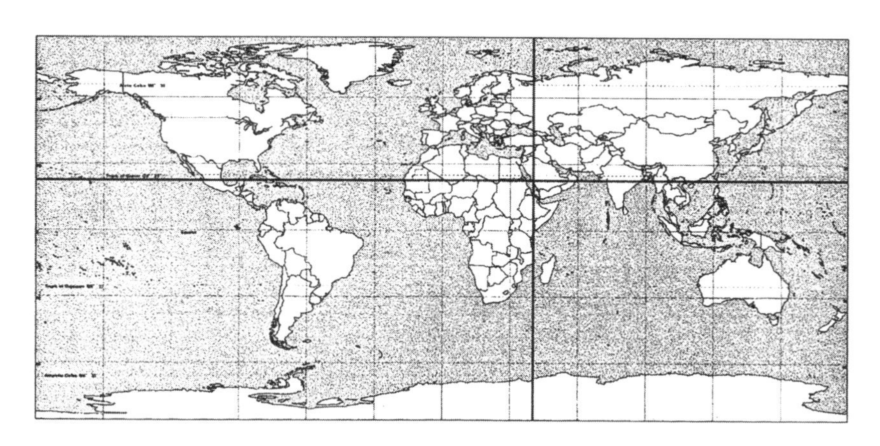

上图：麦加，位于法国世界地图中的黄金分割区。黄金纬度位于赤道南北纬度 21.25° 之间。麦加处于北纬 21.421° ，距黄金纬线以北仅仅 11.5 英里（1 英里≈ 1.60 千米）。黄金经度位于可变本初子午线东西经度 42.49° 之间。旧本初子午线经过巴黎。以此为基准，黄金经线从仅距麦加以东 19 英里处经过。（由马丁诺提供）

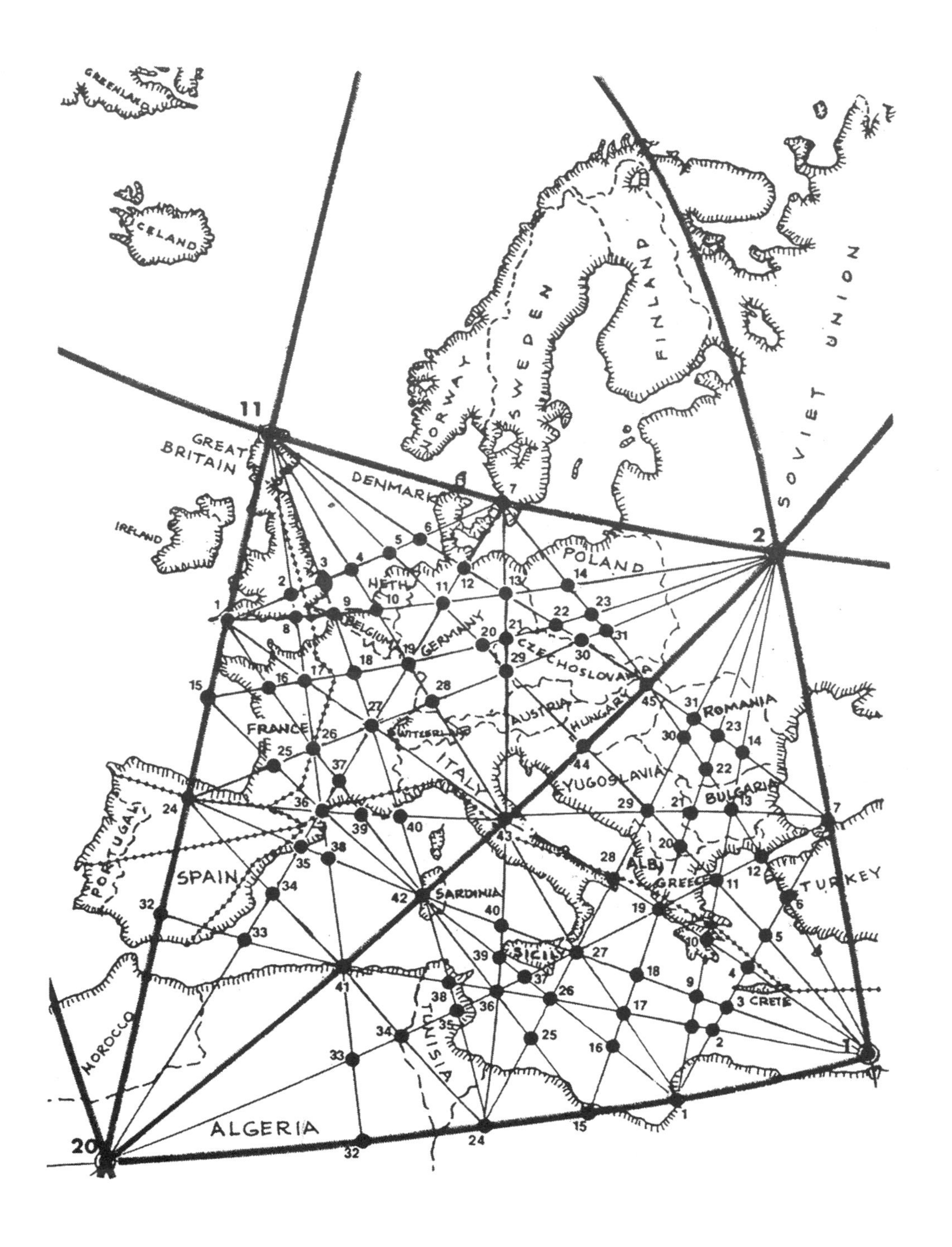
GREENLAND
ICELAND
GREAT BRITAIN
IRELAND
NORWAY
SWEDEN
FINLAND
SOVIET UNION
DENMARK
POLAND
NETH
BELGIUM
GERMANY
CZECHOSLOVAKIA
FRANCE
SWITZERLAND
AUSTRIA
HUNGARY
ROMANIA
ITALY
YUGOSLAVIA
BULGARIA
PORTUGAL
SPAIN
SARDINIA
ALB
GREECE
TURKEY
SICILY
CRETE
MOROCCO
TUNISIA
ALGERIA

目 录
CONTENTS

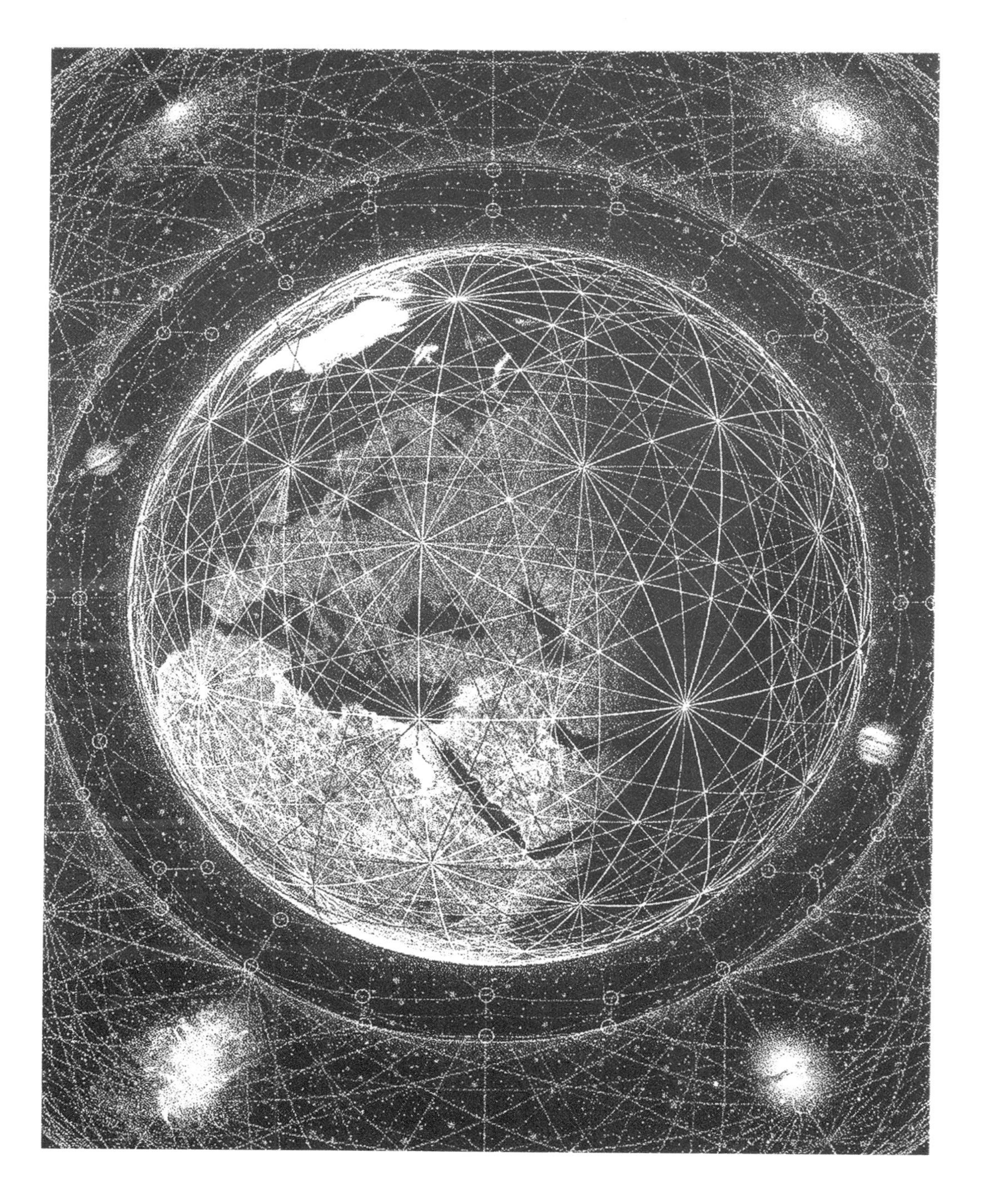

前言 INTRODUCTION

对许多人来说，似乎很难想象存在地球网格，哪怕是这种可能性也是不可想象的。但是人们一直都想知道它们在地球上处于什么位置，而古老的经纬系统就形成了这样一个网格，我们使用至今。

在古建筑中，特别流行使用几何图形。现代网格研究者猜测，古人为大寺庙选址时，不仅要了解当地的考古天文学，而且要知晓它们与其他重要遗址之间的位置关系。

如今，电网、水网、电话系统及互联网纵横交错，遍布我们周围。根据古代中医学体系，能量借由经络在全身游走，在针灸穴位处形成节点，而地球也具有类似的能量网络。

今天把地球看作生命体。在过去的大约三十年里，已有许多书籍和文章指出地球能量网格以及古遗址在网格上的位置。确实，古遗址在全球的分布方式表明，史前全世界都共同承担了一项科学而又智慧的工程。

本书阐明了网格研究简史，重新审视圣地在地球上的分布情况，揭示了一个有关测绘和巨石工程的网络。该网络非同寻常，印证了古代对世界的几何或“测绘”观，这在今天可视为盖亚（即地球之母）新模型。

地球 /结构、运动和自然能量

THE EARTH

HER STRUCTURE, MOVEMENT AND NATURAL ENERGIES

地球已经存在了45.7亿年，而生命大概出现在地球形成后的10亿年间。生氧光合作用开始于27亿年前，形成了今天我们所呼吸的空气。地球主要分为以下几层（见第003页上图）。

地球表层分为巨大的地壳板块，因大陆漂移而在地球表层移动。这个星球曾经只有一片广袤的陆地和一片浩瀚的海洋。如今，一个大洋中脊环绕着整个星球，持续更新着薄薄的海床。在大西洋中部，大西洋中脊不断地喷发，将美洲推离欧洲和非洲（下图左）。在一些地区，大西洋中脊形成的图案类似一个十二面体（下图右）。

地球赤道的半径长3963.19英里，比极圈半径（3949.90英里）长13英里；地球自转导致赤道隆起。虽然地球在几百万年里一直在变化，但是人类文明产生以后基本保持着原来的样子。

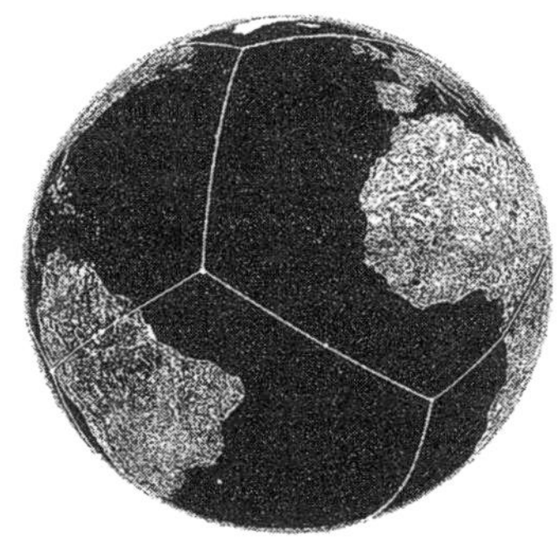

两个板块被拉开，形成大西洋中脊，其去向大致呈十二面体

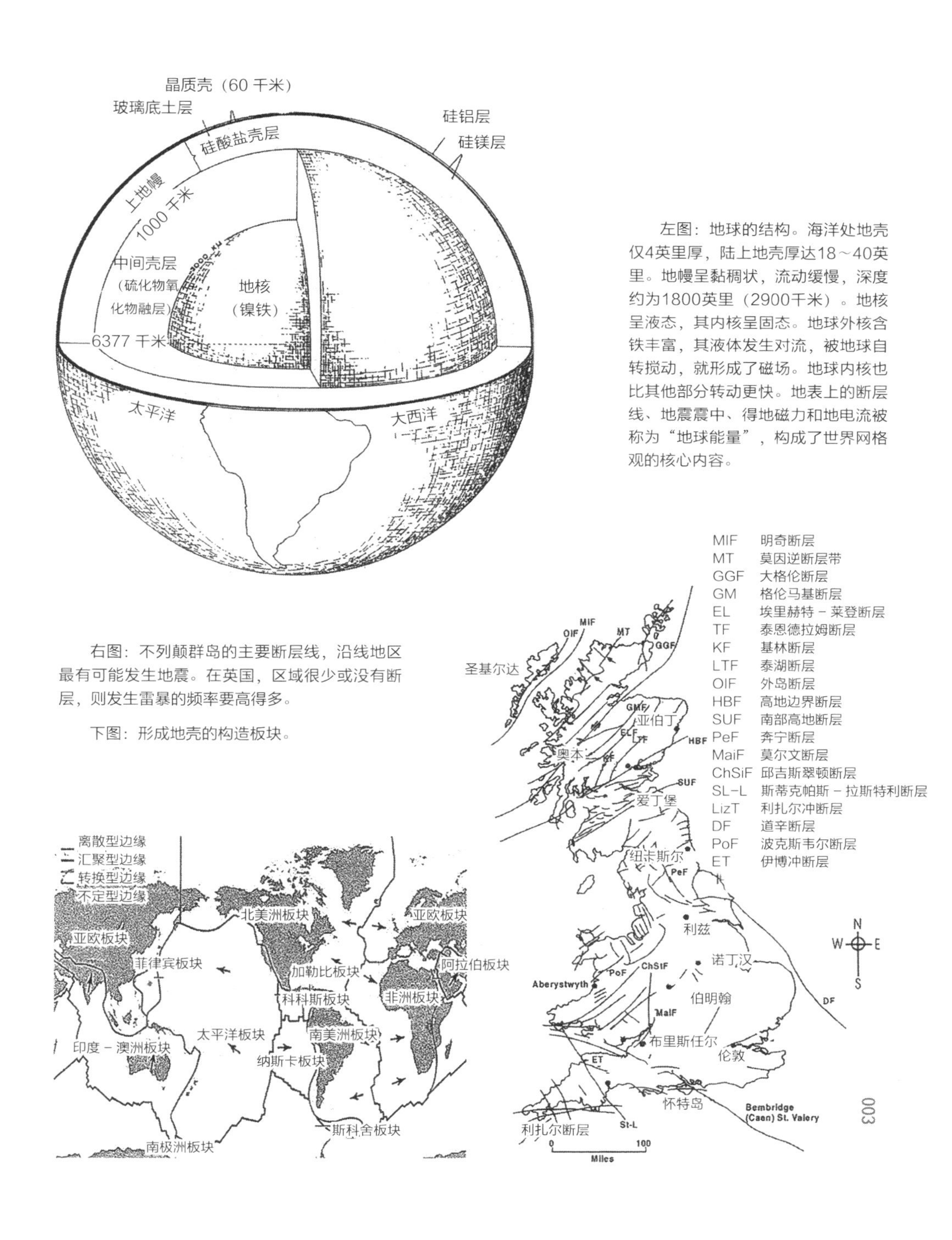

左图：地球的结构。海洋处地壳仅4英里厚，陆上地壳厚达18～40英里。地幔呈黏稠状，流动缓慢，深度约为1800英里（2900千米）。地核呈液态，其内核呈固态。地球外核含铁丰富，其液体发生对流，被地球自转搅动，就形成了磁场。地球内核也比其他部分转动更快。地表上的断层线、地震震中、得地磁力和地电流被称为“地球能量”，构成了世界网格观的核心内容。

右图：不列颠群岛的主要断层线，沿线地区最有可能发生地震。在英国，区域很少或没有断层，则发生雷暴的频率要高得多。

下图：形成地壳的构造板块。

地球磁场 / 电磁和地能量

THE GEOMAGNETIC FIELD
ELECTROMAGNETISM AND TELLURIC ENERGIES

地球磁场每天都经受着太阳风的阵阵冲击，形成绚丽的“北极光”。这个磁场系统不断地变化。磁场线（见第005页上图）黎明时收缩，潮水般涌过大地、房屋以及人的身体和大脑。磁场夜晚变弱，每日清晨又迅速增强。在野外某些地方，岩石、绝缘体（例如白垩）或水等地质情况使磁场变得更加强烈。

磁力与电力是同一硬币的两面。流动的电流产生了磁场，而变化的磁场可以在它覆盖的任何导体中生成电流。地球自身也受到同样的影响——磁场线在地下生成微弱的直流电流，与所有的电流一样，大地中产生的能量在某些媒介中比在其他媒介中传递得更流畅。土地包含着高浓度的金属或矿物质水，就可以很好地传导这些自然中常见的电流。而土地比较干燥或金属含量较少，则导电性较差。当这两类土地相交时，就发生了“电性间断”。有趣的是，许多古文化遗址似乎都建在两类土地的交界处，而且这里经常可以看见奇异的“光球”。磁场线磁力骤降，释放自然电荷，从而产生“光球”。在巨石阵和其他古文化遗址中，一个圆形巨石柱有3英尺（1英尺≈0.30千米）埋入地下，承受着这股大地的能量，将它从进口引入，在遗址之中生成电荷。这是否就是古人用过却被遗失的一项技术呢？古人是否普遍利用该技术构建了一个地球能量网格呢？

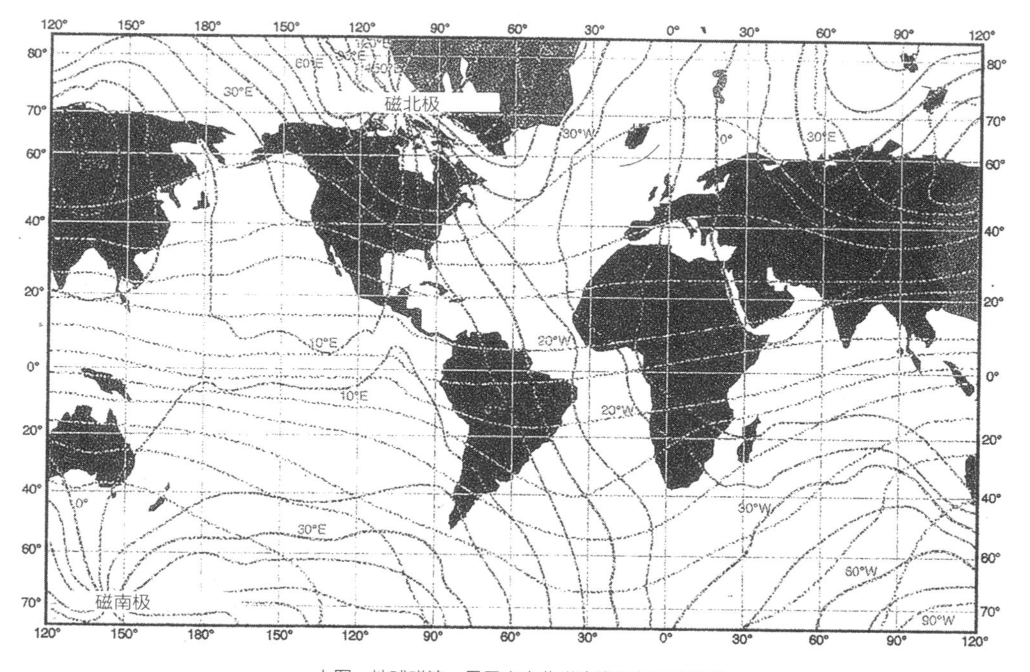

上图：地球磁流，显示出南北磁流线和东西磁流线。

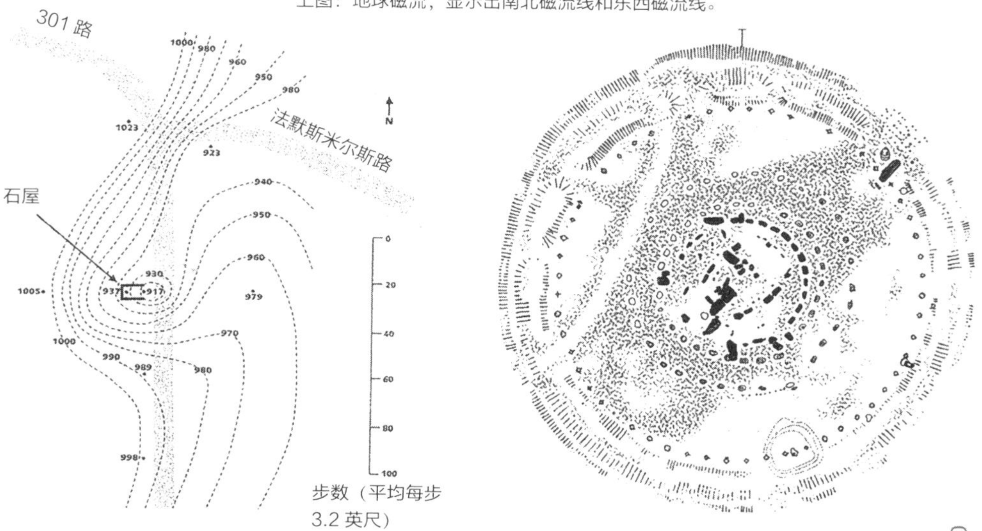

上图：纽约肯特克利夫斯，美国原住民石屋的地磁等高线图，门口出现磁异常（约翰·伯克）。

上图：巨石阵的电阻率图。图上深色区表示有更多自然电流穿过地球（约翰·伯克）。

灵线和龙线 / 景观队列和磁力线

LEYS AND DRAGON LINES

LANDSCAPE ALIGNMENTS AND LINES OF FORCE

在20世纪20年代，阿尔弗雷德·沃特金斯发现了由景观队列形成的网格。这些队列由5个或更多圣地组成，包括教堂、巨石碑、喷泉和小山顶，阿尔弗雷德称之为“灵线”。在20世纪60年代末，约翰·米歇尔发现了一条特别长的灵线。该灵线经过的许多遗址为英格兰守护神圣·迈克尔而建，被称为圣迈克尔线。灵线还包括埃夫伯里和格拉斯顿伯里突岩等古遗址。米歇尔注意到这条灵线还与五朔节（五月节）的日出线以及夏末节（万圣节）的日落线对齐。20年后，哈米什·米勒和保罗·布罗德赫斯特探测到两条强大的能量流，像巨蛇一样缠绕在圣迈克尔线周围；其走向虽与后者从未完全重合，但与其沿线的主要节点交汇。他们甚至发现圣迈克尔线一直延续到了俄罗斯的圣彼得堡，这说明存在着一条巨大的能量流。

秘鲁、玻利维亚以及远东地区的遗迹传统上呈笔直队列。在这里，这些队列被称为“龙线”；而澳大利亚的原住民则称之为“歌线”。1939年，约瑟夫·海恩斯契发现德国很多古遗迹呈网格排列，彼此相隔甚远；而英国的古遗迹则排列成巨大的圆形和三角形。这些图案的起源是什么？相关理论涉及地下水流、地质断层线、神道以及古代外星人遗留的导航工具。

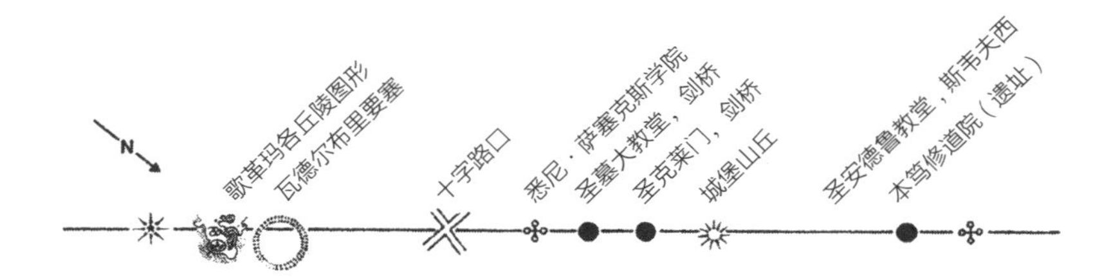

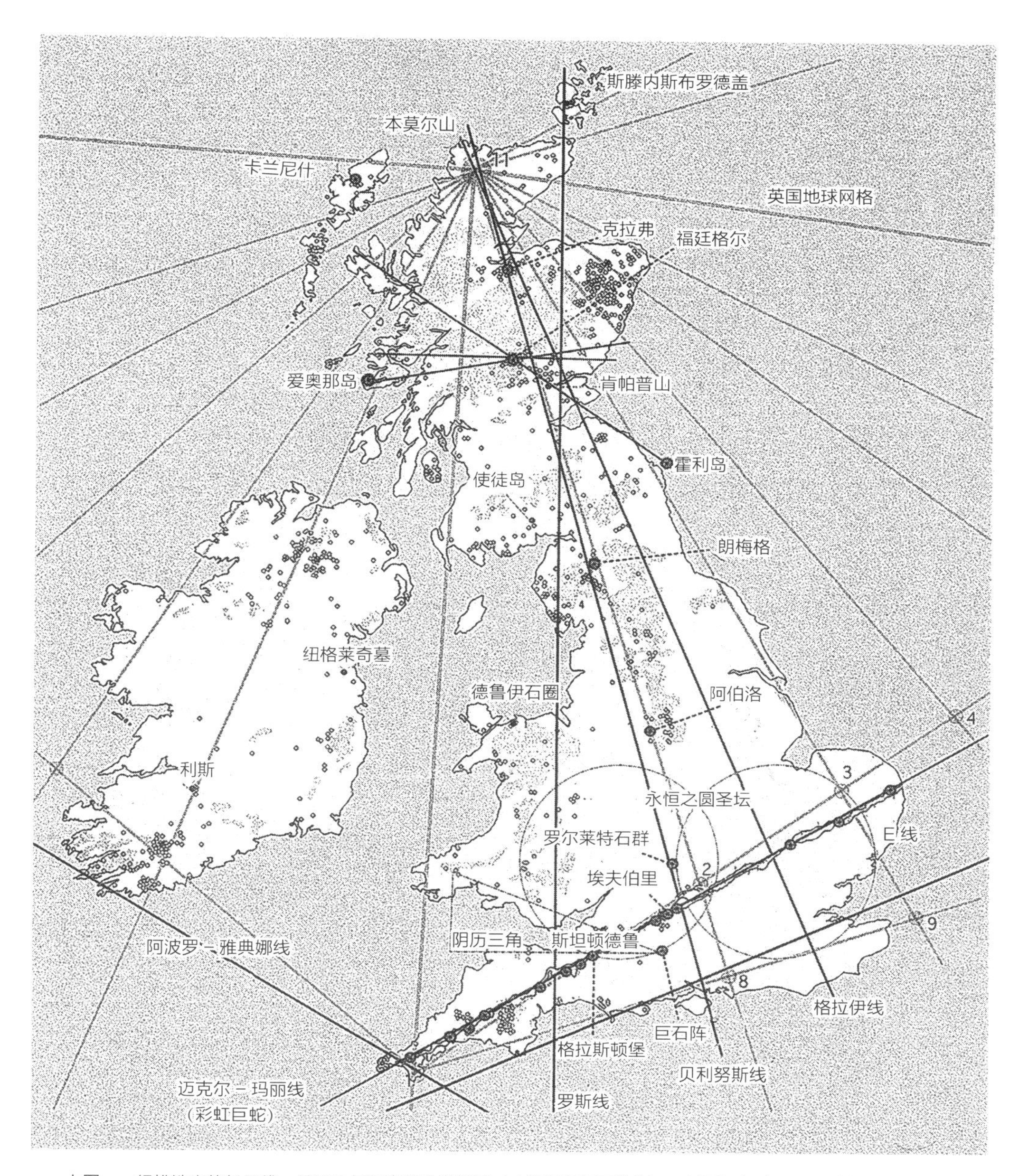

上图：一组挑选出的长灵线、景观几何图案和地球能量（由纽曼和柯万绘制）。地图还标出了巨石遗址、“阴历三角”（基于罗宾·希斯）和“永恒之圆圣坛”（约翰·米歇尔）。其中的一些路线完全与地球网格和古代大地测量系统对应。已经省略了较短的灵线，但是从第 6 页图还可以看到“剑桥灵线”。

网格的起源 /关于世界图案的早期证据

GRID BEGINNINGS

EARLY EVIDENCE OF GLOBAL PATTERNS

有一个巨大的科学器具向四周伸展，触及了整个地球表面。在某段时期——约 4000 多年以前——地球的每个角落，几乎都有人群来访，他们肩负着特殊的任务。在某种非凡的力量的帮助下，他们把巨石切开，堆在一起，建起了巨大的天文仪器、环状的石柱阵、金字塔、地下隧道、巨石队列，从地平线的一边延伸到另一边，沿途标以石堆、土丘和土石方工程。这项史前大工程尚未得到广泛认可。

这段话引自约翰·米歇尔的重要著作——《俯瞰亚特兰蒂斯》。从书中可知，存在一个非常古老的地球网格系统。古书中有类似引述，也证明了这一点。例如，詹姆斯·布鲁斯 1773 年发现了《以诺书》。人们认为该书描述了一项了不起的史前地球调查：

“那些天，我看见天使们带着长长的绳子，展翅向北方飞去。我问一名天使：‘为什么他们要带着绳子出发？’天使回答道：‘他们去测量了。’”

在德鲁伊传说中，十二大“宫殿”环绕着地球；霍皮族的造物神话讲述了造物主提欧娃如何派遣蜘蛛祖母把声音和宇宙能量传输到地球中心的水晶，声音和能量被弹回地球表面，形成多个“褐色斑点”，即晶格能量汇集而成的圣力中心。在布鲁尔苏族的造物传说中，太阳使行星、轨道和恒星最终“形成了十六道环”，意味着大圈形成网格，覆盖在地球之上。

上图：霍皮族的造物神话讲述了造物主提欧娃指派蜘蛛祖母（科杨伍蒂）守护地球的故事。蜘蛛祖母两手捧土，向土中吐口水，创造了波康霍伊和帕兰霍伊（后来又创造了希卡纳韦亚、人头鹰、羽毛蛇和许多其他生灵）。兄弟心灵相通，波康霍伊被送往北极，使生命拥有结构和外形。帕兰霍伊则前去南极，祈祷祝福，与提欧娃心跳保持一致。当两人心跳完全一致时，就会迸发出生命之力，向下抵达地球中央的水晶。声音击中水晶，能量受波康霍伊赋形魔法的引导，向四面八方射出。被反射的生命能量从地壳中骤现，使地球获得了生机。据说这种能量在某些地方更为充足。

戴马克松地图 /巴克敏斯特·富勒裁剪出的地球
DYMAXION MAPS
BUCKMINSTER FULLER'S CUT-OUT GLOBES

在 20 世纪 40 年代，巴克敏斯特·富勒绘制了数幅世界地图，试图提供一幅看起来更准确的平面地球图。在 1946 年，他基于截半立方体为戴马克松投影申请了专利（见第 011 页上图）。1954 年推出了新版，称作《天空海洋世界地图》，使用了形状稍作修改的二十面体。这些多面体的每一面都是一个日晷投影（以直线显示大圆）；这两幅地图都可以准确地显示陆块，而其他地球平面投影则扭曲了形状、面积、距离或定向测量，两者是不一样的。例如，在墨卡托世界地图上，格陵兰岛似乎比地球上实际面积大了两倍，而南极洲则变成了地图底部边缘处一个细细的白色长条。罗宾逊投影图颇受欢迎，被许多学校使用，但呈现的格陵兰岛也比在地球上的实际面积大了 60%。

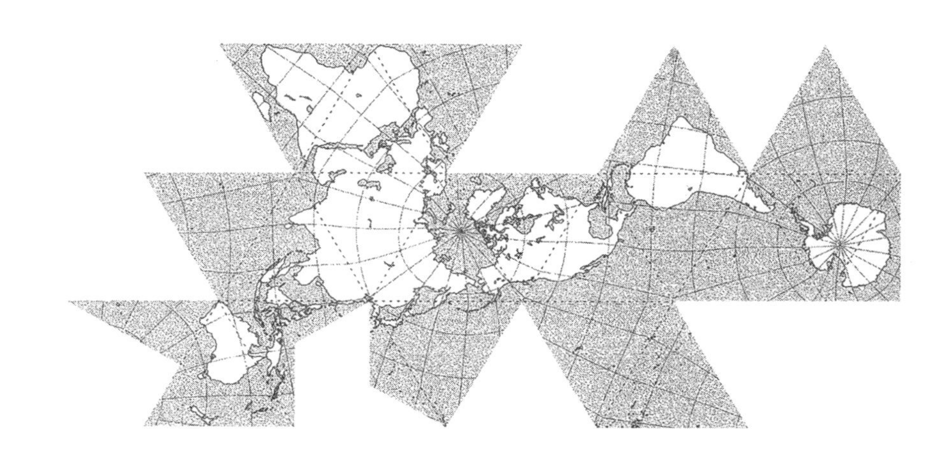

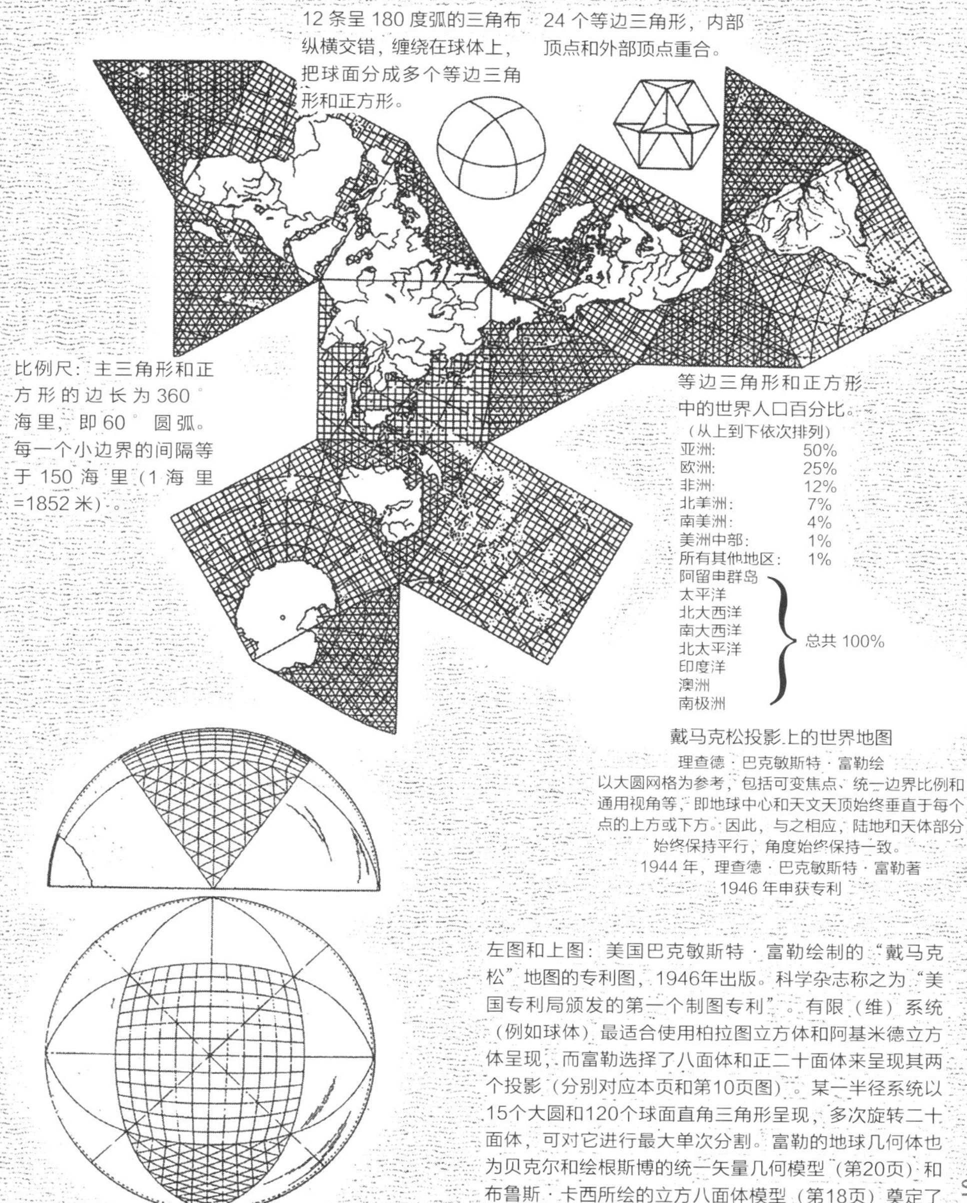

戴马克松投影上的世界地图

理查德·巴克敏斯特·富勒绘

以大圆网格为参考，包括可变焦点、统一边界比例和通用视角等，即地球中心和天文天顶始终垂直于每个点的上方或下方。因此，与之相应，陆地和天体部分始终保持平行，角度始终保持一致。

1944 年，理查德·巴克敏斯特·富勒著

1946 年申获专利

左图和上图：美国巴克敏斯特·富勒绘制的“戴马克松”地图的专利图，1946年出版。科学杂志称之为“美国专利局颁发的第一个制图专利”。有限（维）系统（例如球体）最适合使用柏拉图立方体和阿基米德立方体呈现，而富勒选择了八面体和正二十面体来呈现其两个投影（分别对应本页和第10页图）。某一半径系统以15个大圆和120个球面直角三角形呈现，多次旋转二十面体，可对它进行最大单次分割。富勒的地球几何体也为贝克尔和绘根斯博的统一矢量几何模型（第20页）和布鲁斯·卡西所绘的立方八面体模型（第18页）奠定了基础。

柏拉图立方体 / 永恒的古代多面体
THE PLATONIC SOLIDS
TIMELESS POLYHEDRA IN ANCIENT DAYS

在 5 个柏拉图立方体中（见第 013 页图），每个仅由某一种正多面体的面组成，多面体的顶点与球体相切。由于完美对称，这些多面体对地球网格研究不可或缺。正四面体有 4 个顶点和 4 个三角面，正八面体有 6 个顶点和 8 个三角面，立方体有 8 个顶点和 6 个四方面，正二十面体有 12 个顶点和 20 个三角面，而正十二面体有 20 个顶点和 12 个正五边形面。

关于它们最早的文字记载要追溯到毕达哥拉斯和柏拉图时代（公元前 427—前 347 年）。柏拉图在《斐多篇》中写道：

“从上方向下看，地球真的就像是由 12 瓣皮革拼成的球，不同的区域有不同的颜色。”

这里似乎提及了十二面体，这当然是首次提到地球网格。在《提迈欧篇》中，他再次谈到造物主德穆革把世界设计成十二边形。

然而，在苏格兰北部及欧洲（见下图）发现了数以百计的新石器时期的石雕，与柏拉图立方体极其相似（而且比柏拉图还要早 2000 年）。几何学家基斯·克里切罗认为人们使用这些石雕标示星星的位置、辅助导航或是用作球面几何学教具。

正八面体

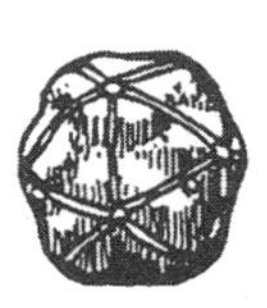
二十面体

十二面体

正四面体

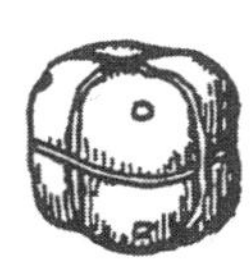
立方八面体

立方八面体网格

四面体

八面体

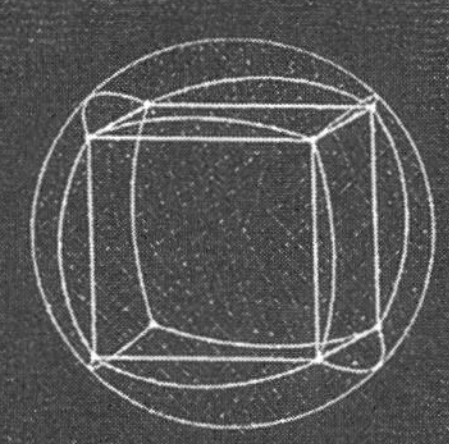

立方体

上图：四面体和立方八面体系统，常见于晶体中，广泛用于建筑。展示的是 3 个柏拉图立方体，体现了前述系统。该系统包含许多比例关系，都是 2 和 3 的平方根。

二十 · 十二面体复合体网格

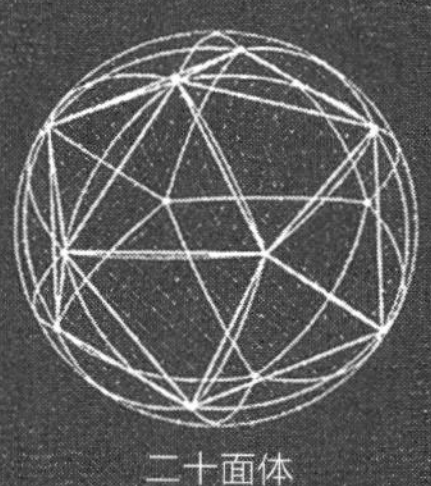

二十面体

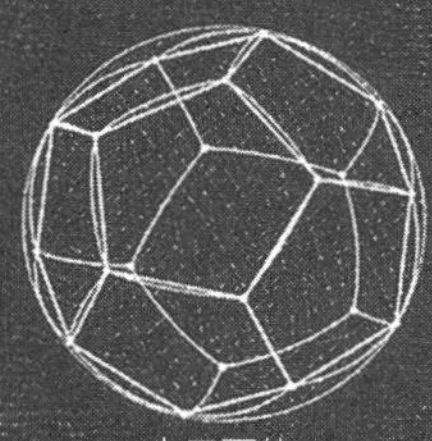

十二面体

上图：二十面体和十二面体互为对偶，即由对方的面的中心点连线而成。

上图：二十 · 十二面体复合体系统，常见于病毒、花粉、浮游生物等生物体。该系统在两个柏拉图立方体中得到体现，其中黄金分割比例尤为常见。

邪恶的漩涡 /失踪的飞机与时间膨胀

VILE VORTICES

VANISHING AIRCRAFT AND TIME DILATIONS

伊凡·桑德森既是生物学家又是作家。他在 20 世纪 70 年代早期，标出了全世界船只和飞机失踪的地方，发现了 12 个特殊的区域在地球上（包括南极和北极）间距相等。地磁异常、神秘失踪、器械、仪表出错以及其他能量畸变现象似乎都集中在这些“热点地区”。

其中的一片区域位于百慕大三角洲的西端。该区域在佛罗里达海岸附近，让人闻之色变，从百慕大延伸至佛罗里达州的南端，经过波多黎各，最后抵达巴哈马群岛。据报道，自 1945 年以来，在百慕大三角洲已有超过 100 架飞机失踪，近 1000 人丧命。

1972 年，在《恶魔于地球上的 12 处藏身墓》一文中，桑德森描述了在统计研究和现代通信技术的帮助下，他是如何发现其他存在类似异常现象的区域，例如日本东南海岸的龙三角（或魔鬼海）。在 1950—1954 年间，九艘巨轮在该区域失踪；据报道，这里经常发生“UFO”目击事件和地磁异常现象。该区域还位于“火环带”——太平洋地区高度活跃的火山链的边缘处。

当桑德森在地图上标出热点地区时，他注意到这 12 个地区之间的距离相等，排列整齐，构成了二十面体的顶点，其中多数顶点都位于海中。后来有人指责桑德森选择数据来迎合其观点，虽然他对地球网格的研究粗略简单，但是仍然激起了人们的好奇心。

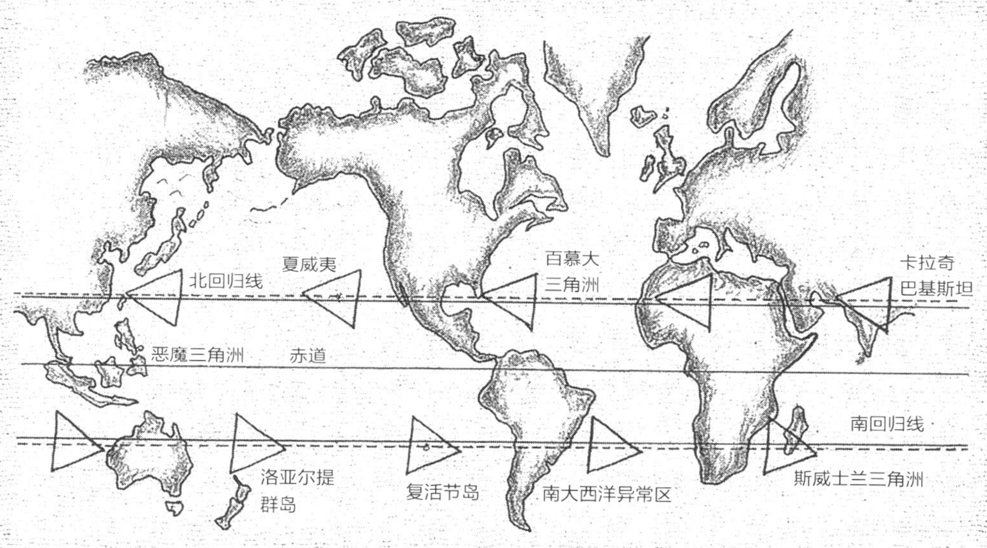

上图：“恶魔于地球上的 12 处藏身墓。”注意它们在北回归线和南回归线上如何分布（不包括北方和北极）。这些地区经常报道失踪、器械和仪表故障，以及许多时间膨胀的例子、光现象和磁变。

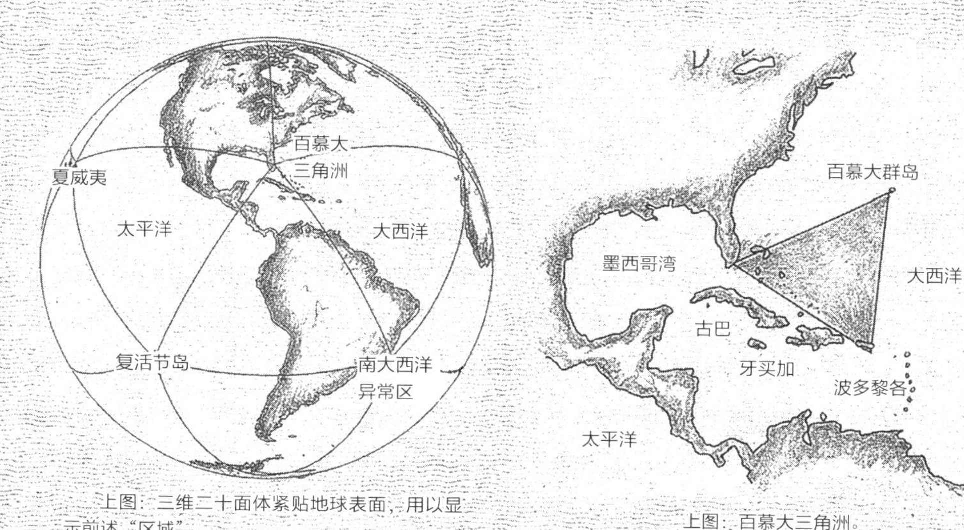

上图：三维二十面体紧贴地球表面，用以显示前述“区域”。

上图：百慕大三角洲。

苏联人的发现 / 水晶之核与十二面体
RUSSIAN DISCOVERIES
THE CRYSTAL CORE AND THE DODECAHEDRON

大约在桑德森文章发表的同一时期，有人于 1973 年在莫斯科发表了一篇文章，指出地球起初可能是一个有棱角的晶体，几亿年之后才变成球体。这个巨型晶体的棱角可能仍然保留在地球内部，从地球表层依然可以记录到其能量。一位居住在莫斯科的历史学家——尼古拉·贡卡洛夫更进一步地认为存在十二面体，与北极－南极的中轴及中大西洋海脊对齐。他在地球仪上标出了各种古文化，试图发现某种几何模式。接着，他与语言学家维亚切斯拉夫·莫洛佐夫、电子学专家瓦莱丽·马卡洛夫合作，在苏联科学院大众科学杂志《化学与生活》上发表了文章《地球是一个巨型晶体吗？》。后来，他们把一个二十面体放入地球仪内部，证实了桑德森的观点。

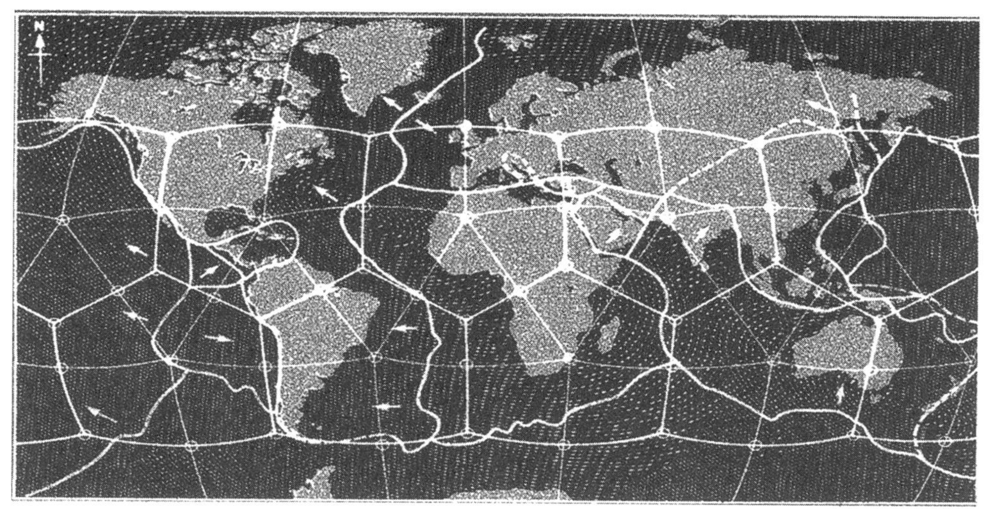

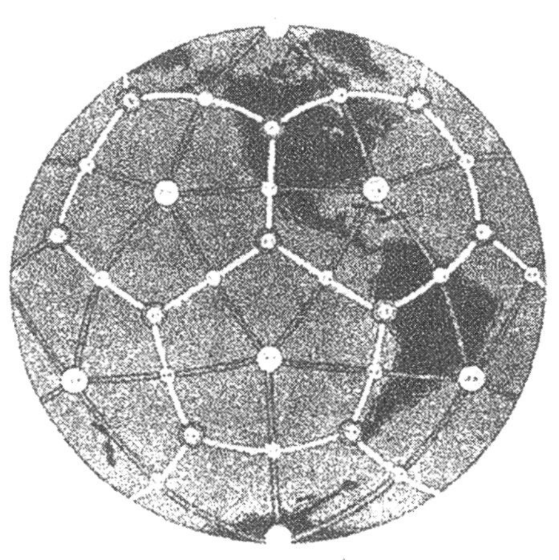

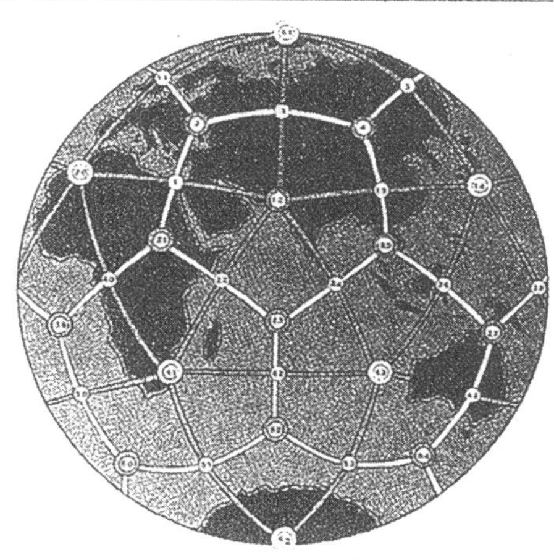

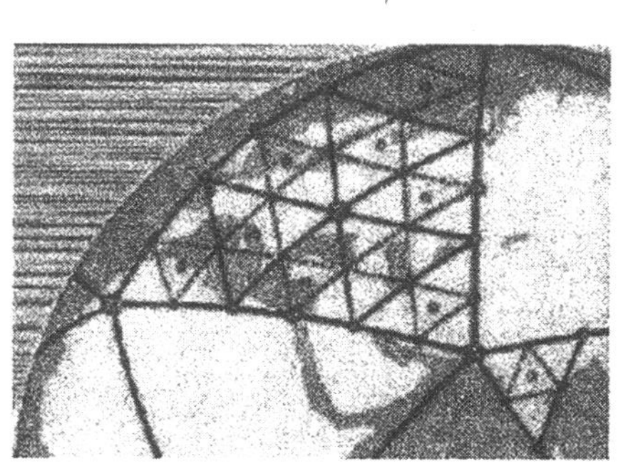

贡卡洛夫－莫洛佐夫－马卡洛夫地球水晶网格的各种版本。他们声称，网格的线条和节点与地球上许多地震断裂带和海洋脊线重合。他们还就世界各地的高气压带和低气压带、动物的迁移路线、引力异常现象和许多古城遗址绘制了草图（根据约翰·辛克维奇的发现）。地槽区把这些陆台分开，其走向与三角形之间的边缘重合。海洋中的水下山脊和地壳断层走向通常与二十面体的棱重合或平行。

布鲁斯·卡西与不明飞行物 / 飞行路线与神秘天线

BRUCE CATHIE AND UFOS FLIGHTPATHS AND MYSTERIOUS ANTENNA

1952 年，在新西兰，飞行员布鲁斯·卡西机长目睹了不明飞行物。那次经历戏剧性地改变了他的生活。他决心弄明白这一现象，找出其中的某种规律。他决定效仿法国不明飞行物研究家艾梅·米歇尔，基于报道中不明飞行物的飞行路线来寻找规律。

他在地图上标出不明飞行物最可靠的目击记录（包括他自己看到的一些），逐渐意识到在新西兰上方存在一个完整的网格。在接下来的数年里，他疯狂地工作，最终发现了三个坐标方格，它们的北极分别位于纬度 72° 25' 45" 经度 89° 58' 59"、纬度 78° 25' 07" 经度 104° 59' 24" 以及纬度 75° 32' 19" 经度 95° 58' 07" 三个地方。卡西声称，在这些极点上，有一种图案由色调组成，色调间有半度间隔，这种图案对外星人、古代遗址的建造者、核武器设计师、反重力和超越光速技术而言并不陌生。

为了形成自己的理论，卡西使用了一个奇怪的物体，称之为“天棓四天线”，该物体曾在南美洲合恩角海岸 1000 英里深的海底中被拍摄到。利用这个神秘天线提供的坐标，他在塑料球上胡乱画上网格图案，直到新画出的立方八面体形网格与他最初的新西兰格状网相互关联。多年之后，生物学家才注意到卡西的“天棓四天线”像极了一种名为“考莱道瑞达”的小型深海海绵生物，但争论还在继续。

其右侧是另一种物体，看起来像深海生物。在越南发现了这一古老的人造十二面体，看起来就像放大了的放射虫类浮游生物。

右图：新西兰上方的网格示意图，以半度为间隔，在稍加旋转的网格上标出不明飞行物的目击报告。24 海里（1 海里=1.852 千米）的东西网格线与 30 海里的南北平行线。这一变化是因为位于南纬 41°左右，这里经度到极点的距离缩短。

右下图：卡西的立方八面体网格基于 A 和 B 两个极点形成。

左下图：卡西的“天棓四天线”，发现于距智利合恩角 1000 英里处 13500 英尺深的海底。“天棓四天线”竖直固定在海底，卡西认为这可能是古文明放置在海底的天线或者是外星生命。其他人则认为照片是深海海绵生物，人称“考莱道瑞达”。

中下图：在法国和越南出土的黄金和青铜十二面体，有十二个面和二十个“角”。越战老兵视之为道家圣物，可显示针灸穴位。

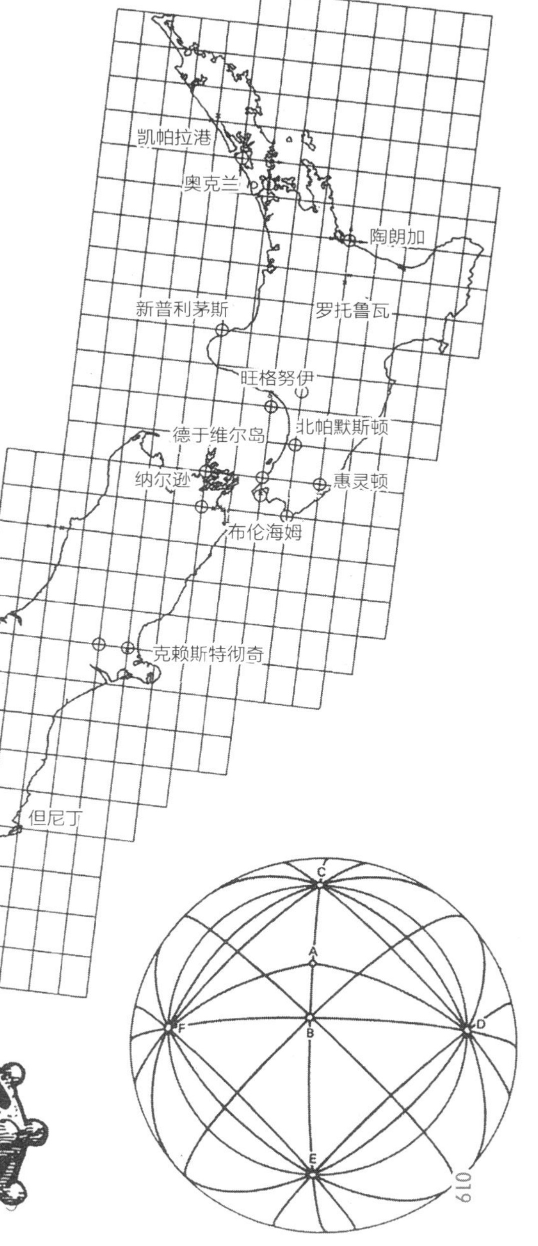

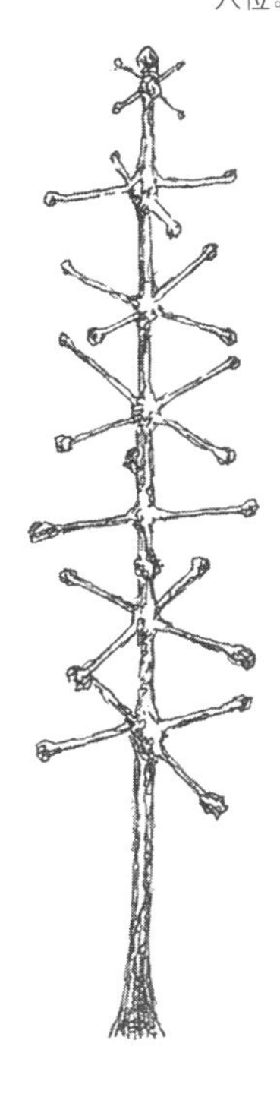

全部拼起来 / 统一矢量几何投影
PUTTING IT ALL TOGETHER
THE UNIFIED VECTOR GEOMETRY PROJECTION

1978 年，威廉 · 贝克尔博士和贝特 · 哈根斯博士受到巴克敏斯特 · 富勒的圆顶建筑结构的启发，拓展了苏联的模型，创建了一个基于菱形三十面体的网格（见第 021 页右图所示），即三十二面阿基米德立方体的对偶（参见柏拉图立方体和阿基米德立方体，也属于该系列）。三十面体有三十个菱形的面，而且兼具二十面体和十二面体的顶点。他们创建的新模型有 15 个大圆、120 个不等边直角三角形（无相等的边或角）和 62 个节点，后来称之为“盖亚的指环”。这些大圆将每一个菱形的面分成四个直角三角形。富勒虽然对地球网格不感兴趣，但先前已经观察到这些三角形，并使用平面和球面符号法记录其内部角度（下图）。

这个模型最终发展成“统一矢量几何”(UVG) 投影，使用了富勒《协同论（二）》中的“大圆集合”，把置于球体内的五个柏拉图立方体的所有顶点连接在一起。总共形成了 121 个大圆，顶点增加到了 4862 个（见第 001 页左边图片）。他们认为统一矢量几何网格可能成为一个新的盖亚几何模型。

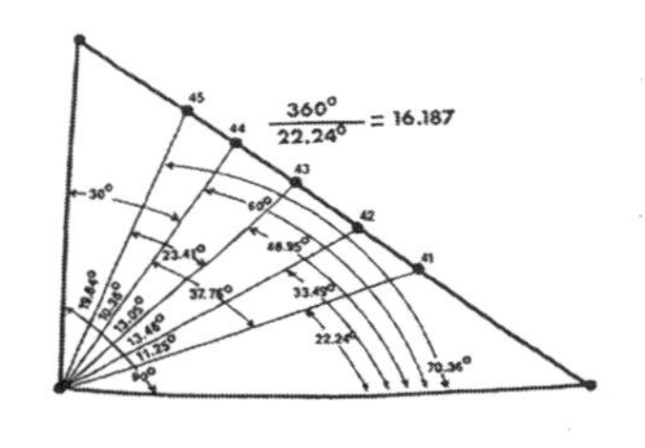

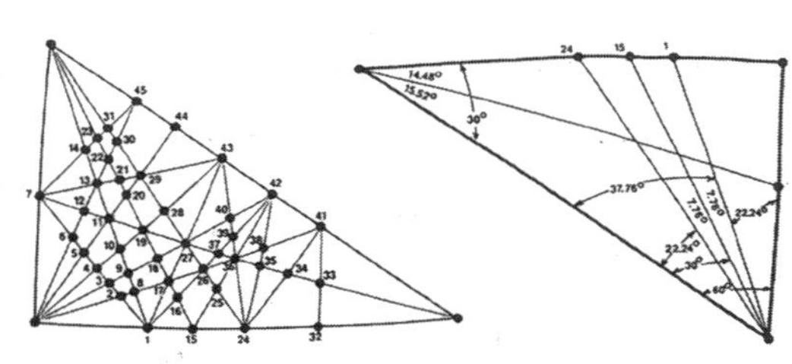

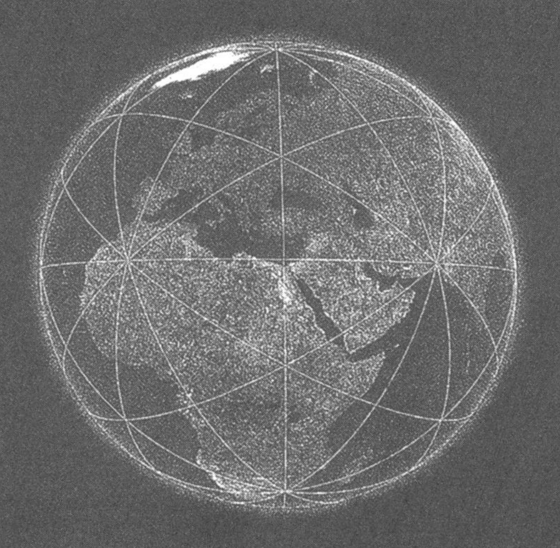

上图：该网格趋向两极，呈南北走向并经过吉萨。点 1 位于吉萨北部，靠近贝德特，被利维奥·史特契尼确定为测地标志。

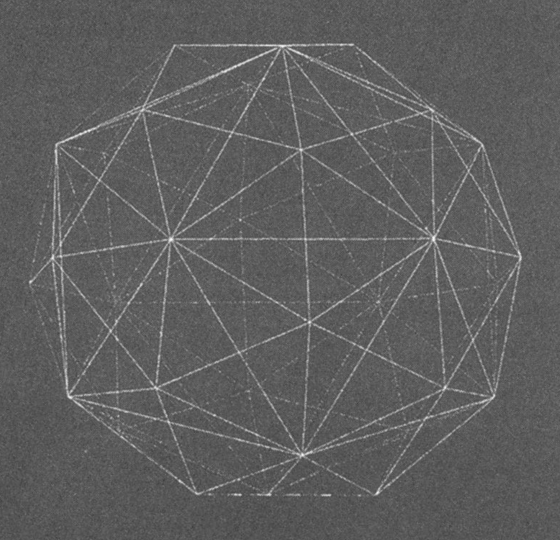

上图：该网格以菱形三面体为基础，朝向与左上图相同。有 30 个钻石（菱形）面，每一面都有 4 个三角形。

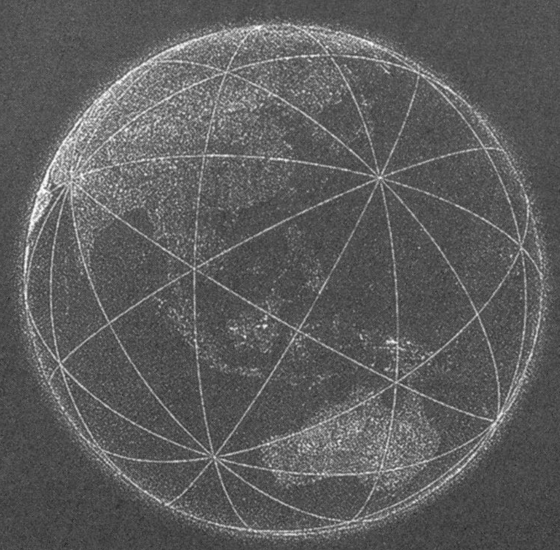

上图：该网格显示的是亚洲和澳大利亚上方的五边形面。总共有 12 个五边形面、15 个大圆、62 个顶点和 120 个三角形。

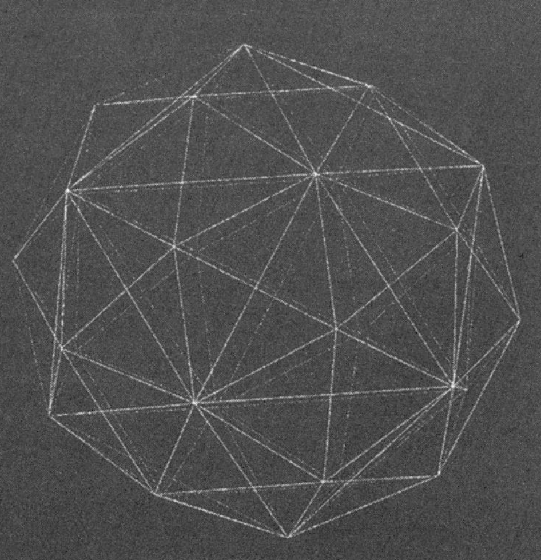

上图：该网格是截半二十面体的对偶，显示的是斜截五边形面。包含 10 个三角形，每个三条边的比例约为 7 : 11 : 13。

有趣的网点 / 相交处的反常现象
INTERESTING POINTS
ANOMALIES ON THE INTERSECTIONS

苏联网格顶点的最初编号在贝克尔和哈根斯版本中得以保留，如下图所示。在某些坐标网格点周围许多古文明繁荣兴盛，但是却没有几个著名的古圣地遗址位于网格的主要顶点。自公元前 2600 年以来，古埃及人在吉萨高原周围繁衍生息，生活在秘鲁西北部卡勒尔金字塔群地区的居民也一样兴旺发达。

美国和苏联卫星收集的影像数据证实了有条断层线从摩洛哥延伸至巴基斯坦（格点 20 至格点 12）。还有一些圆形的地质构造，直径有 150~200 英里，位于格点 17（库巴布山，墨西哥—美国边界以南的一个最高点）、格点 18（巴哈马大阿巴科岛附近的大陆架边缘）和格点 20（埃格拉卜高原，位于撒哈拉沙漠边缘，毗邻廷巴克图）处。格点 49 在里约热内卢东南，格点 27 位于澳大利亚东北部的卡奔塔利亚湾，其周围似乎形成了大陆，表明这些交叉点可能充当了能量漩涡，数千年来塑造了此处的地貌。

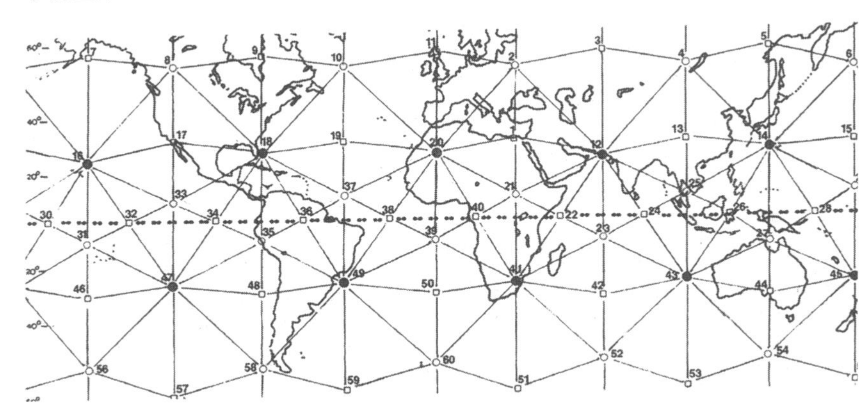

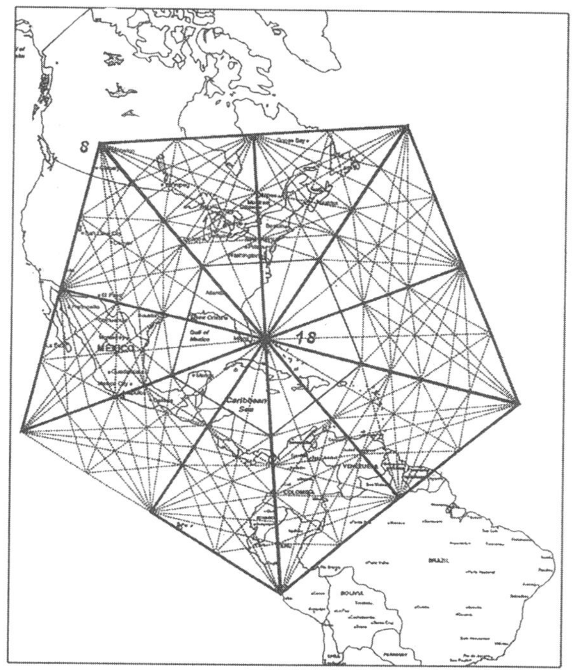

左图：格点 8 和格点 18。格点 8 靠近加拿大艾伯塔省的布法罗湖。此处有大型天然气和石油储备和主要小麦种植地，在麦加维尔附近还有一个 5000 年历史的“药圈”。格点 18 位于五边形面的中心，多条线在此相交。在佛罗里达州沿岸的比米尼发现了用巨石修建的大型“道路”，说明曾经存在一个未知社会群体，已经学会雕刻和运输巨石。这也是百慕大三角洲的北端。

下图：格点 17，管风琴仙人掌国家公园。古霍霍坎姆人在此建造了大量的灌溉渠道，其文明延续了 9000 多年。他们从管风琴仙人掌中酿制了一种礼仪用酒。该地区是北美土著人心中最古老最神圣的领地。此处有小金字塔、岩石艺术（在白坦克山上绘出“星球爆炸”）和皮那擦特山。这里曾是主要的贩毒通道，现在建有一个巨型通信雷达阵列。

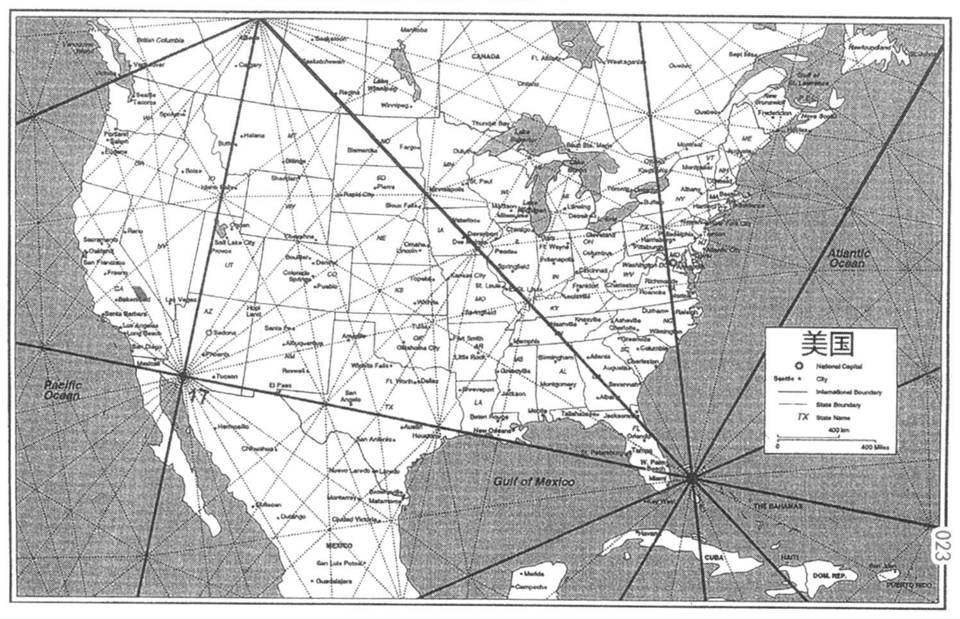

哈特曼网格和柯里网格 /地极负能量工具

HARTMANN AND CURRY GRIDS

TOOLS FOR THE GEOPATHICALLY STRESSED

研究者发现了其他一些地球能源网格。20 世纪 60 年代，恩斯特 · 哈特曼博士发现了第一个地球能源网格，把地磁的 N 极移到 S 极，把 E 极移到 W 极。这是一张正方形网格，网格间隔 5 英尺 5 英寸（1 英尺 =0.3048 米，1 英寸 =2.54 厘米），网格线宽 6~10 英寸，垂直向上，类似一道道无形的放射墙。当两条线相交时，地级负能量就会形成 “哈特曼结” 。据说睡在双负线的交叉点上（点每隔 115 英尺出现一次）会引起精神障碍、头痛、痉挛和风湿。地震扭曲了这张网，记录显示交叉点的放射性增加了 50%。

柯里网格由柯里和威特曼于 20 世纪 70 年代发现，其走向与正北形成 45 度角。网格线在西南 – 东北方向上每隔 8 英尺出现一次，东南 – 西北方向上每隔 9 英尺出现一次，宽约 2 英尺宽，双负线则每隔 164 英尺出现一次。这些网格线被认为比哈特曼结危害更大，与睡眠问题、抑郁以及其他精神问题有关。

虽然这两种网格在科学上未经证实，但是 2006 年，电信专家汉斯 · 吉尔兹使用低频电磁能量实验成功地确定了它们的存在。

类似的网格还包括布罗德 · 柯里网格，偏离北方 30 度；而 “正” 双柯里网偏离北方 20 度，间隔非常大，达 410 英尺。有意思的是，巨石、圣井、教堂、山堡和橡树林成为该网格存在的标志。20 世纪 80 年代，施耐德发现了另一张网格，偏离正北 45 度，网格线相隔 965 英尺。肖恩 · 柯万发现了 “天使网” ，能够产生巨大的以太力线，与黄金分割比例相关。毫无疑问，以后还会发现更多的 “网格” 。

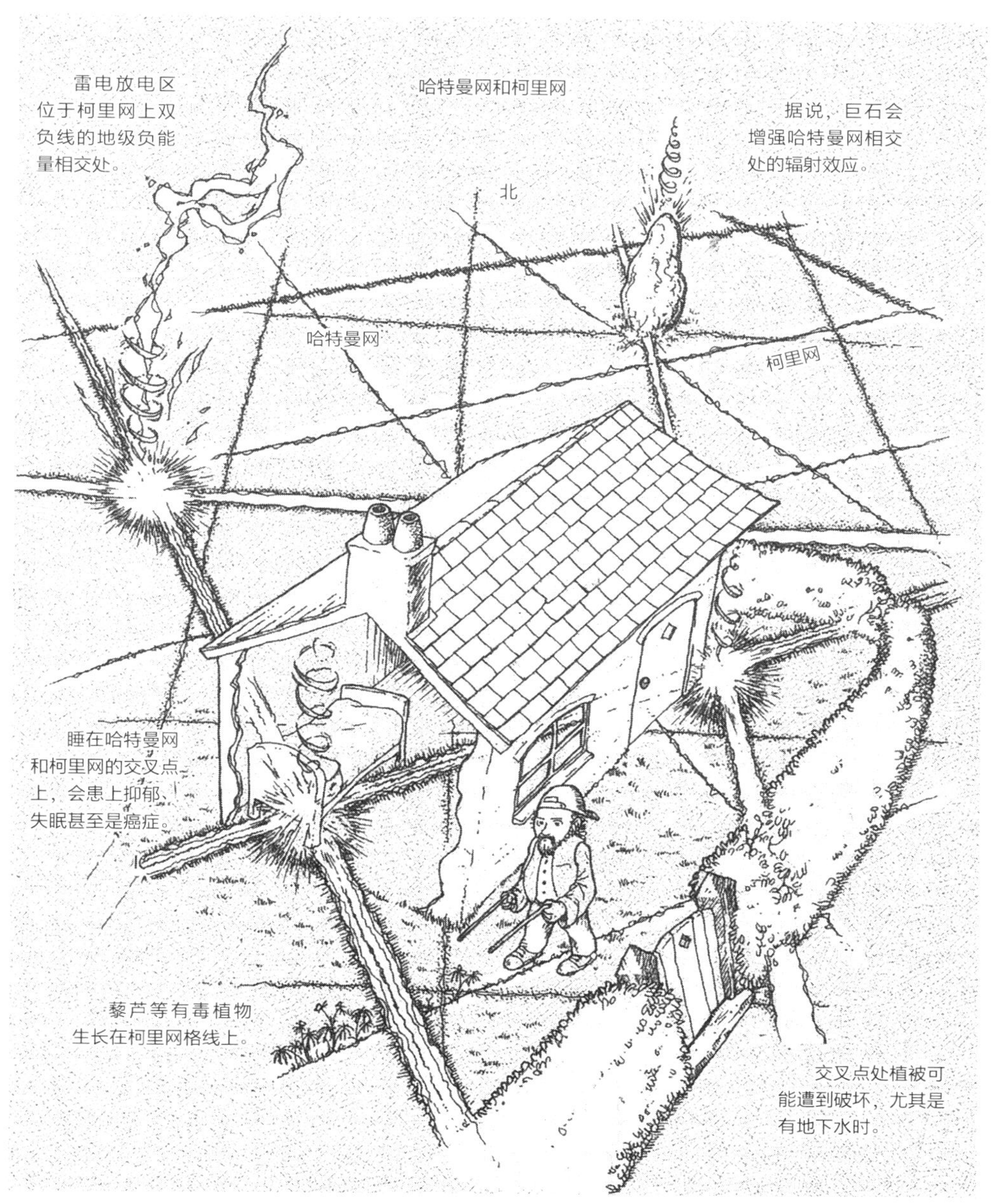

上图：哈特曼网格和柯里网格。两者受到压力时都会收缩，取决于环境被破坏的严重程度。如果受到重压（例如，在古战场遗址），网格线可能相距不到 1 英尺。在这些地方，双重负结点出现更为频繁，对健康也更不利。

景观几何图形 / 地球上的人造图案

LANDSCAPE GEOMETRIES

MAN-MADE PATTERNS ON EARTH

几何状的网格可能环绕着地球，但如果更仔细地研究地貌，就会发现到处都有好玩的图案。例如，1791 年开始设计和建造美国首都华盛顿特区，其布局体现了古代计量学、神圣几何学和天文学知识，但是随着城市的发展，先前的布局已不复存在。

在英国，罗宾·希斯发现新石器柱形石碑组成了一个古老的“国家网格”，连接着阿伯洛（“北方的巨石阵”）、布林希里杜（位于北威尔士的重要墓室）和巨石阵，展现出一个完美的 3 : 4 : 5 毕达哥拉斯三角形。

巨石阵同样出现在“威塞克斯阿斯特勒姆”。“威塞克斯阿斯特勒姆”呈六角形，被圣迈克尔线一分为二。有趣的是，巨石阵和格拉斯顿堡之间的网格线长度是永恒之圆圣坛周长的 1 /10（见第 007 页）。一个景观菱形（见左下图）不仅与圣迈克尔轴线对齐，也同时与萨默塞特地区的其他圣山对齐。法国南部雷恩堡上方的网格系统和五角形图案把教堂、圣山和自然景观连在一起（见右下图）。

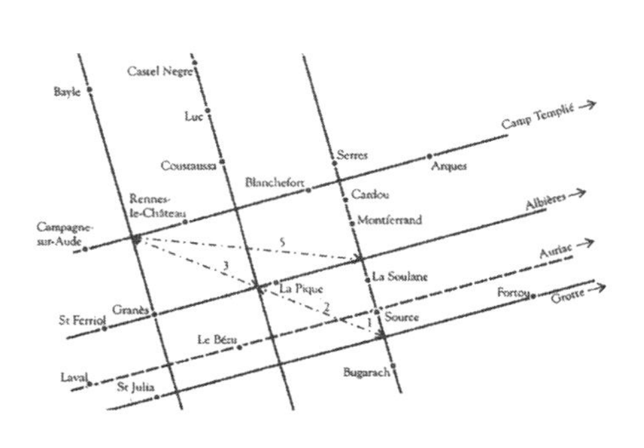

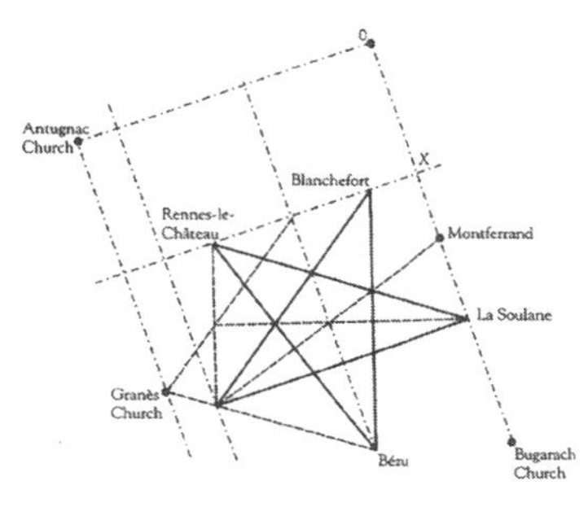

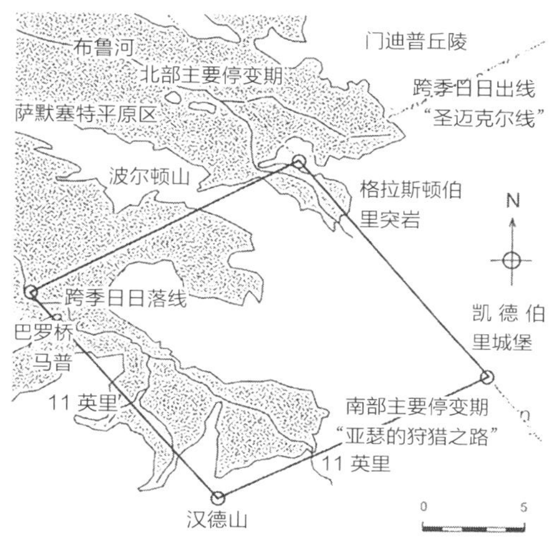

上图：萨默塞特景观菱形，显示出圣迈克尔线和月球停变主队列（由尼古拉斯·曼＆格拉森，2007 年绘制）。

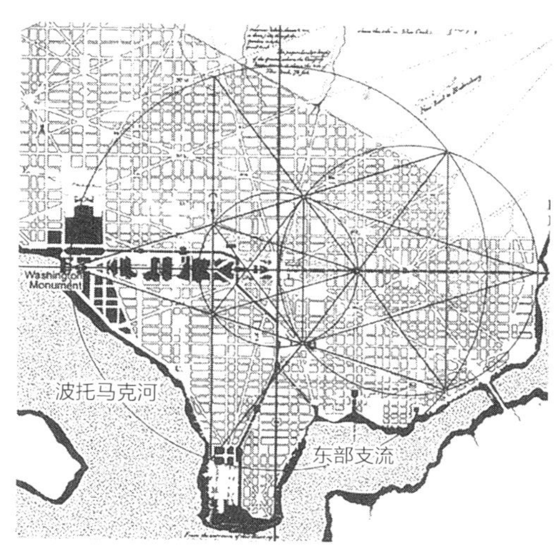

上图：黄金分割几何是华盛顿特区设计的基础。法国建筑师皮埃尔·查理·朗方1791年制定的国会图书馆规划方案（引自尼古拉斯·曼，2006年）。

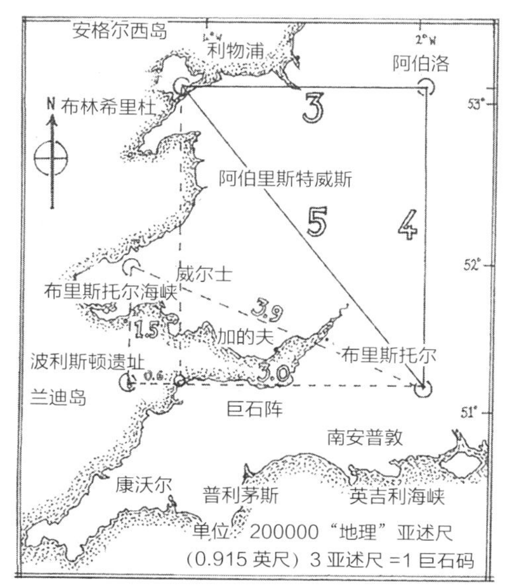

上图：测地网格（由罗宾·希斯提供），把英国的巨石遗址连成了一个毕达哥拉斯三角形。

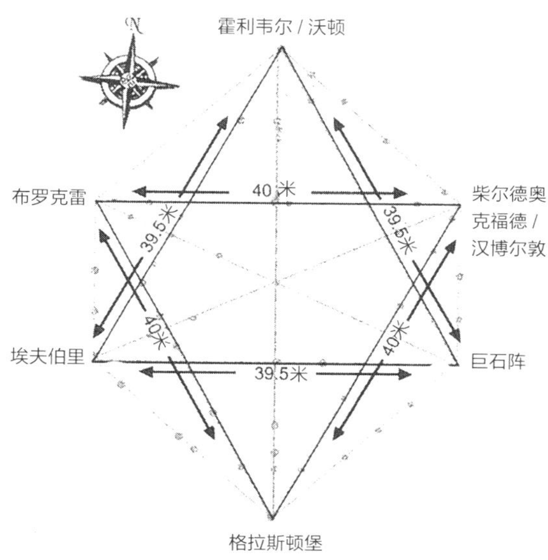

基线与阴历三角吻合。

上图：威塞克斯阿斯特勒姆（由奈特、佩罗特提供），浅灰色标出了圣迈克尔轴线、遗址间距和几个圣山。

地球上的大圆 / 将地球一分为二
GREAT CIRCLES ON EARTH
CUTTING THE WORLD IN TWO

大圆是地球上圆心与球心重合的圆，将球体切分成两个相同的半球。所有纵向子午线都形成大圆。赤道是唯一横向的大圆——其他纬线在地球上形成小圆。统一矢量几何网格完全由大圆组成，总数达 121 个。

下图为沿赤道观察到的地球大圆，由吉姆·艾莉森发现，让人难以置信。该队列令人惊叹，包括纳斯卡、马丘比丘、塔西利恩阿贾杰、西瓦、吉萨、乌尔、吴哥窟、复活节岛和其他许多地方。接下来将发现，这种队列值得特别关注还有其他原因。古人是否知道这个大圆？他们有记录些什么吗？第 029 页上图为大圆（系罗宾·希斯提出）一部分，包含巨石阵、德尔斐、吉萨、麦加和俄亥俄大蛇丘。

20 世纪 80 年代，格拉斯顿堡的空想家罗伯特·库恩绘制了一幅有趣的地球脉轮图（见第 029 页下图），两条巨大的龙线环绕着地球（库恩称之为“彩虹巨蛇”）。“彩虹巨蛇”的英国部分与迈克尔－玛丽线平行（见第 007 页）。这两条洋流虽然没有形成完美的地球圆，但的确环绕着地球。

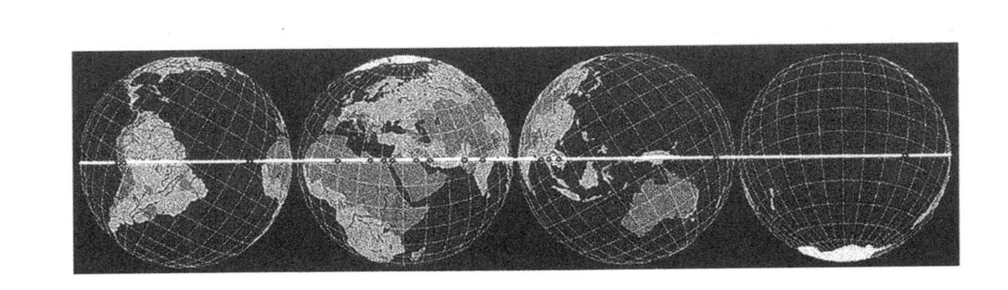

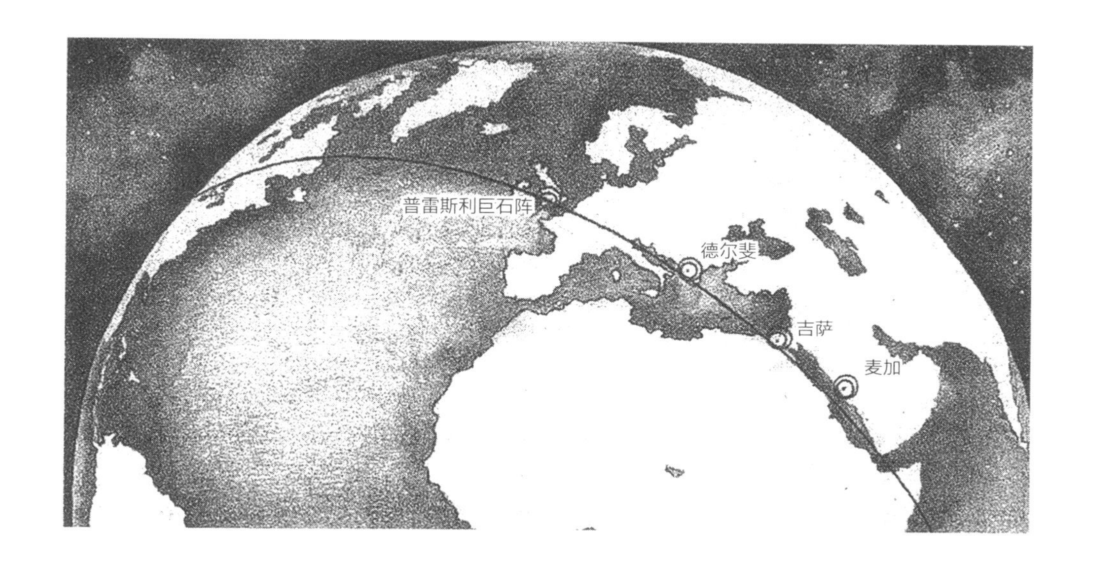

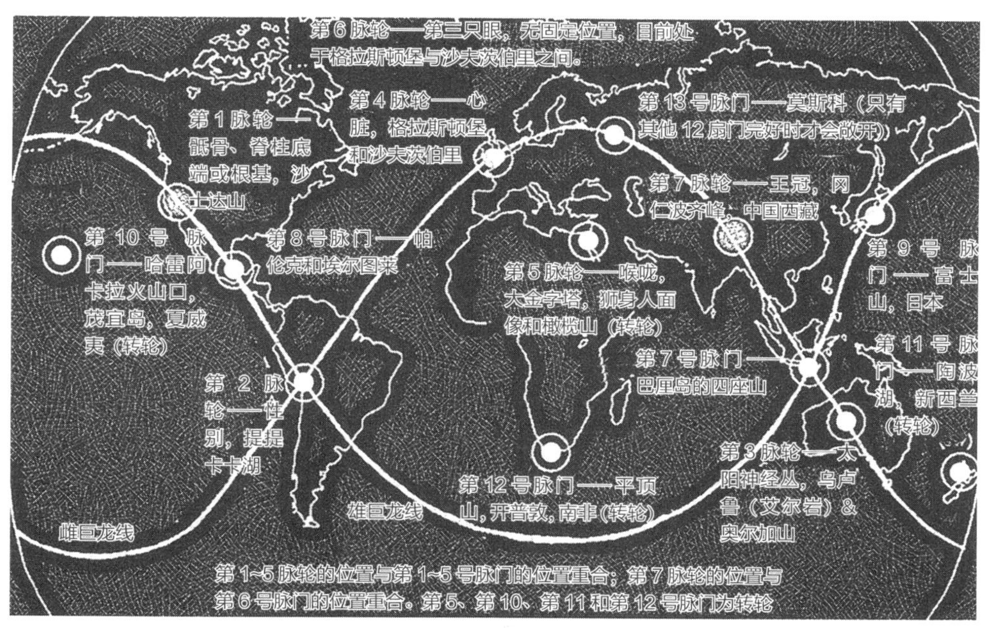

罗伯特·库恩的彩虹巨蛇，始于乌卢鲁（艾尔岩），连接“地球增强点”或脉轮，环绕世界一周后回到乌卢鲁。在土著居民讲述的故事中，蛇女昆尼亚和她的侄子利鲁在乌卢鲁相遇。探矿者证实其他地方存在着这些能量线。

本初子午线 /地球的中心

THE PRIME MERIDIAN

THE CENTRE OF THE WORLD

查尔斯·皮亚齐·斯迈思教授是狂热的埃及古物学家和苏格兰皇家天文学家，1884 年 10 月开始参与选择地球的本初子午线，即零度经线。

已有其他地方竞争成为本初子午线经过地。虽然巴黎有可能被选中，但是由于当时没有确定的全球协议，来自25个国家的代表会聚在华盛顿特区，开会决定本初子午线的位置。在会议上，斯迈思提议选择大金字塔，因为地球大圆从吉萨向北、南、东和西方向延伸，可覆盖的陆地（与海洋相对）比地球上其他任何地方都要多（见第031页上图）。大金字塔还与罗盘的基点完美对齐，位于赤道上方30度角处。最后，在压力之下，22个国家投票选择格林尼治（位于吉萨以西31°8' 8" 处）作为本初子午线。

早在 18 世纪末，拿破仑的勘测员就使用了大金字塔基点来勘测下埃及地区，把子午线用作基线。他们发现，基地子午线正好把三角洲地区分成了两个相等的部分，始于金字塔北角的子午线恰好围住整个三角洲。

有人认为大金字塔可能也代表北半球，这表明古埃及人准确地知道地球的大小。用大金字塔的高度和周长分别乘以43200，得到的数字非常接近现代地球的极半径和赤道周长。43200是一个重要的计量数字，等于2^6乘以2^3，再乘以5^2后得到的乘积。地球极圈周长的一度等于60分，每分恰好也是大金字塔底座的8倍。

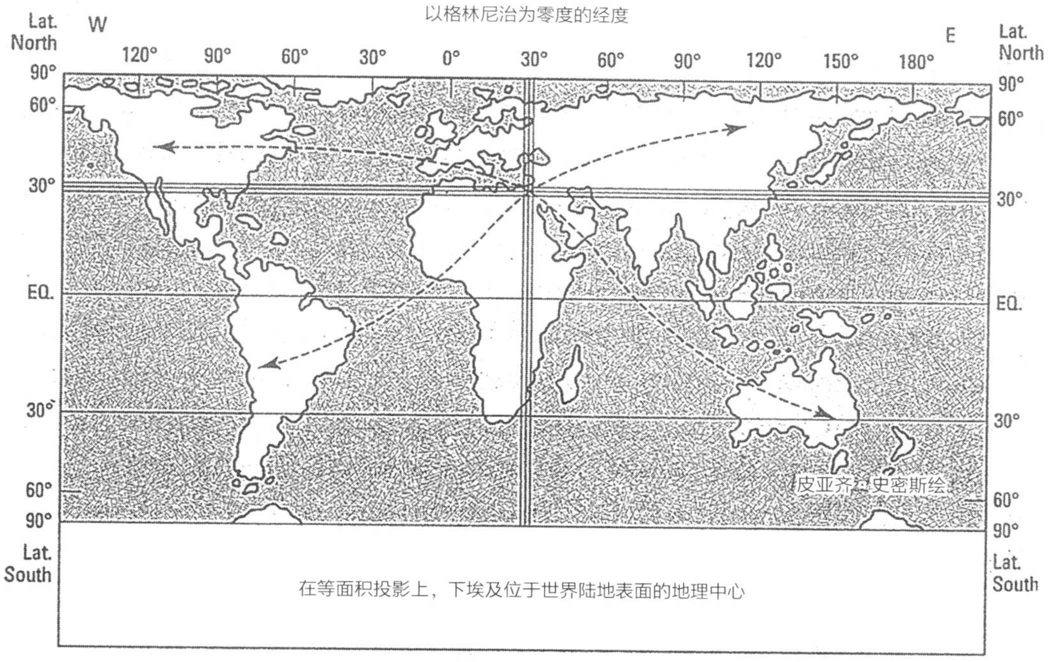

上图：查尔斯·皮亚齐·斯迈思绘制的地图，展示了吉萨本初子午线和以埃及为中心的陆块。

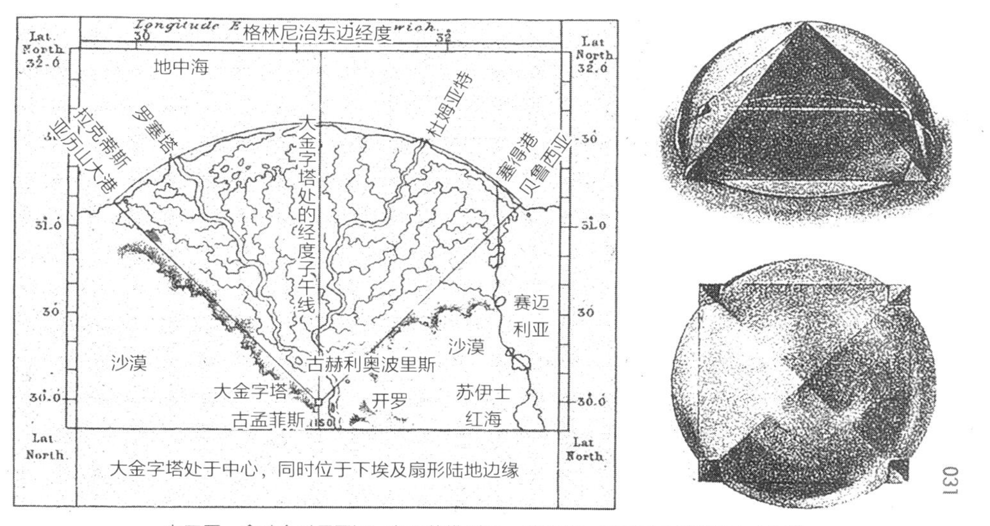

左下图：拿破仑对尼罗河三角洲的勘测图。 右下图：被置于北半球的大金字塔。

定位中心点 / 景观的肚脐
LOCATING THE CENTRE
THE NAVEL OF THE LANDSCAPE

效仿吉萨子午线的测地学位置，其他古文化也常常试图找到自己大陆或社会的中心点。北欧、希腊、凯尔特的历史都表明，全世界都痴迷于使用网格定位寻找自己家园的确切中心。该中心被视为部落的发源地、肚脐或是“世界的中心”，国王可以此为轴线勘测其领地，在圣石上制定法律。

这些中心地区，无论是石圈、土方工程、山丘还是河湖中的小岛，都可以用来举办“民会”或“议会”，全民会议“沐浴在阳光中”在这里召开。约翰·米克尔还发现，这些中心地理上通常位于南北和东西轴线的中心。

柏拉图认为中心位置具有象征意义，其物质和精神特性必须与民族灵魂相配。是否如恺撒讲过的英国德鲁伊教教徒那样，古代勘测师同时也是牧师，精通天文学、测地学和土地测量？

英国两大中心位于曼岛和沃里克郡的梅里登，前者是大不列颠群岛的中心，后者是英格兰的中心。罗马人把维诺娜的至尊十字架视为英国的中心，因这里到哈德良长城与到怀特岛距离相等。

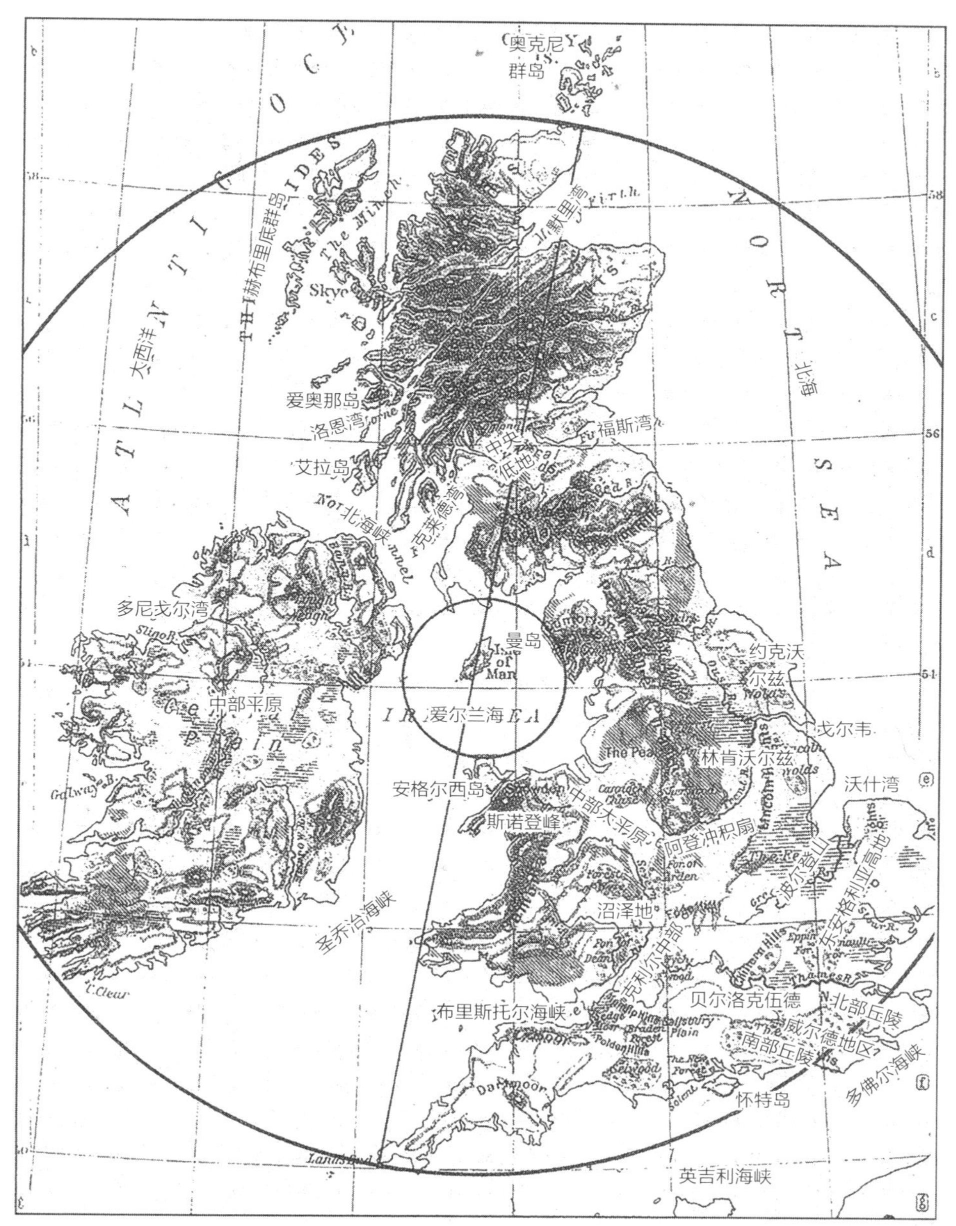

上图：不列颠群岛的主轴，从苏格兰的邓肯斯比角延伸至康沃尔郡的兰兹角，其中心点位于马恩岛。图中小圈，直径为 100 英里，与英格兰、威尔士、爱尔兰和苏格兰均相切（引自《在世界中心》，由约翰 · 米歇尔 1994 年撰写）。

测量地球 /大地测量学与古代计量学

MEASURING THE EARTH

GEODESY AND ANCIENT METROLOGY

直到两百年前，我们才开始了解地球的大小和形状，但这方面古人可能比我们还先行一步。在巨石阵等地发现的测量系统似乎源于对地球大小的精确理解，古代寺庙的建造者们或许已经能够相当准确地使用该系统。

在古代的系统中，英里、腕尺、英尺及英寸都可以完美地分拆地球极圈或赤道的周长或半径。例如，子午圈（极圈）的周长是24883.2英里，等于135000000罗马尺，63000000圣腕尺或是129600000希腊尺（129600是360度圆周换算后的秒数）。古代不同的计量数值根据与英国（地理的）尺度的整数比进行归类，有人认为英尺是计量学之“根”。

因为地球呈回转椭球形，在两极测量的纬度长度比赤道上的纬度长度要长。平均纬度为69.12英里，该长度托勒密用过（相当于300000罗马雷曼），今天仍然为官方所用。

地球的标准直径（7920英里）可以表示为8×9×10×11（英里）。同样地，赤道周长（24902.86英里）等于360000×365.242（英尺）（后者也是一年的天数)，使空间、时间和角度可以用英尺、天或度来衡量。赤道周长与子午线的比率为1261/1260（见第035页右下方图中的其他示例）。许多人都试图解释古人是如何算出这个结果的，却没人知道真相!

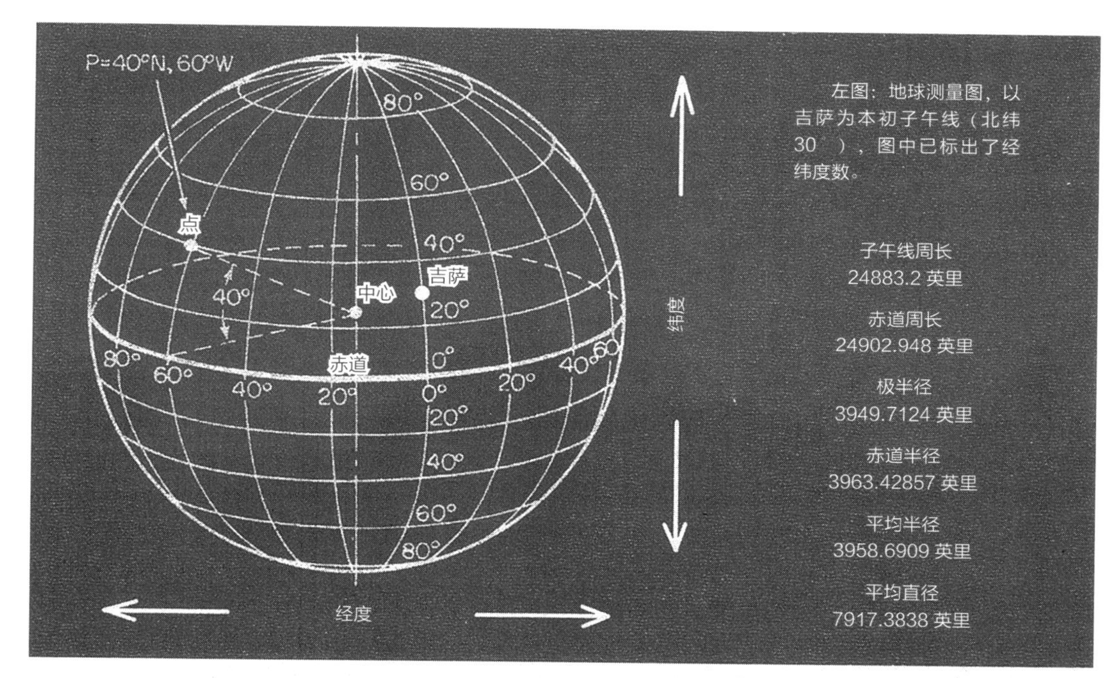

左图：地球测量图，以吉萨为本初子午线（北纬30°），图中已标出了经纬度数。

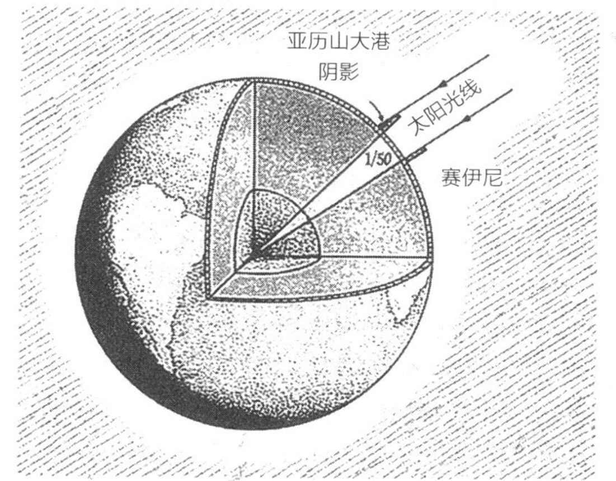

上图：埃拉托色尼（公元前 276—前 195 年）的实验，旨在测量地球大小。通过观察亚历山大港仲夏正午影子的角度，他计算出了极圈的周长，其误差低于 180 英里。他知道，在 500 英里以南的塞尼城，仲夏正午的太阳不产生阴影。亚历山大港影子的角度约为 7 度，或 360 度的 1/50，因此用 50 乘 500 英里，积为 25000 英里，这就是极圈的周长（现代测量的长度为 24821 英里）。

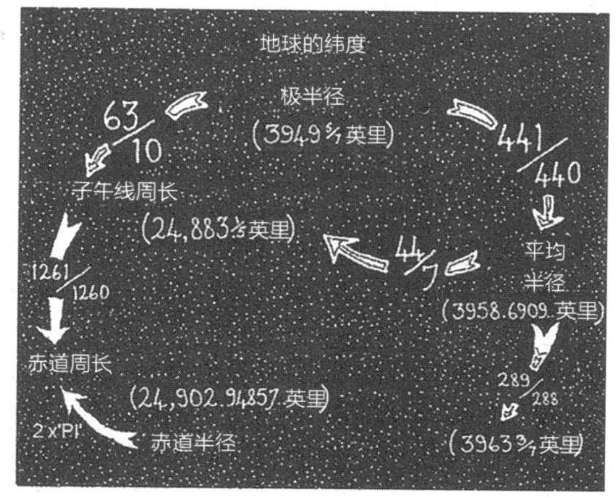

上图：地球的主要纬度，引自古代测地学研究（由罗宾·希斯提供，基于约翰·尼尔）。

这些数字在计量学中频繁出现。例如，皮特里测量大金字塔时使用的皇家腕尺与相当于 12/7 英尺的皇家腕尺不同，两者之间是 441 比 440 的关系。古圣地遗址的建造者似乎已经知晓了这些分数关系。

古代地图 /史前水手与复杂的投影
ANCIENT MAPS
PREHISTORIC MARINERS AND PERPLEXING PROJECTIONS

1513年，奥斯曼帝国海军上将皮里雷斯绘制了一幅地图，图上有一系列网格线，这幅地图基于20张旧海图和8张中世纪世界地图汇编而成（见第037页右上图）。这张地图在地中海地区使用了200年，没有进行任何修改。直到20世纪60年代，美国历史学家查尔斯·哈普古德解释了皮里雷斯使用的投影，对它们进行重新绘制，得出了惊人的结论：古代海员很可能已经从地球的一极航行到了另一极。值得注意的是，南极洲在地图上通常显示为两个岛屿，或是一个小半岛依附着一个大岛屿（见第037页右下图），这一事实直到20世纪后期使用雷达勘测技术穿透冰层之后才予以证实。当南极洲海岸还没有结冰时，人类可能就已经对它进行了勘测，这表明对南极洲的勘测可能早于公元前12000年。

一些地图上绘有“波特兰”，比如网格点，辐射出16或32个线条，还标出了精确的经度，而这直到18世纪才被约翰·哈里森重新发现。在地图上，本初子午线穿过埃及的亚历山大。亚历山大是古文化中心，皮里雷斯在那里发现了许多类似的地图。

德·凯尼斯特里斯地图（见第037页左上图）采用拟人画法，绘有国王和王后，分别表示北非和欧洲，亚历山大被定为地图中心。哈普古德发现了一个有趣的异常现象，哈根斯也注意到过：由12个节点围成的周界含有28个三角形，几乎与统一矢量几何网格完全对应。

1866年，地质学奠基人雷昂斯·埃里·德·博蒙，出版了一张法国地图，地图呈五角形，中心在巴黎。虽然人们常指责这幅地图过于晦涩，但它恰好是地球表面的1/12，十二面体的一面，与现代的网格理论完美一致。

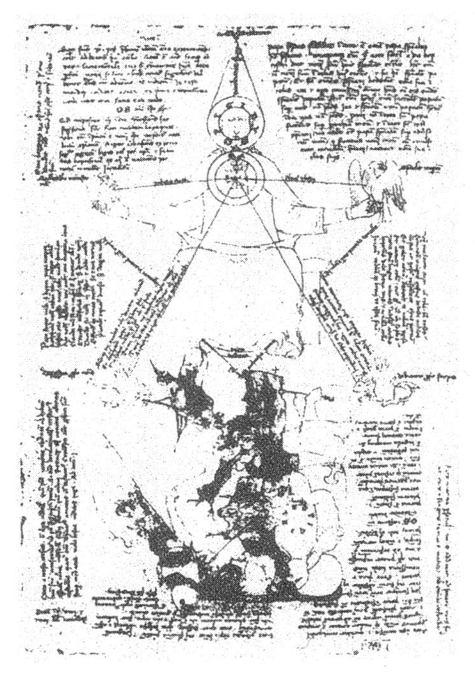

上图：绘制于 1335 年到 1337 年间的德·凯尼斯特里斯地图。图上绘有菱形几何图形，含四个统一矢量三角形，中心在亚历山大港。

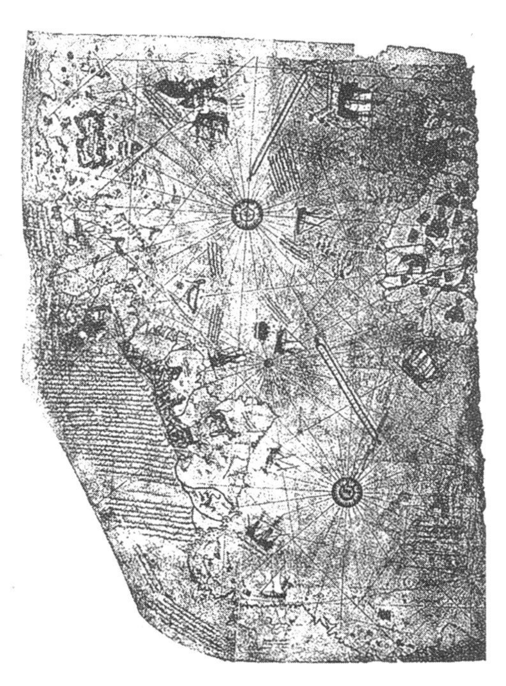

上图：皮里雷斯地图。基于 20 张旧图表和 8 张世界地图汇编而成，在亚历山大大帝时期，阿拉伯人称之为“杰弗莱尔”。

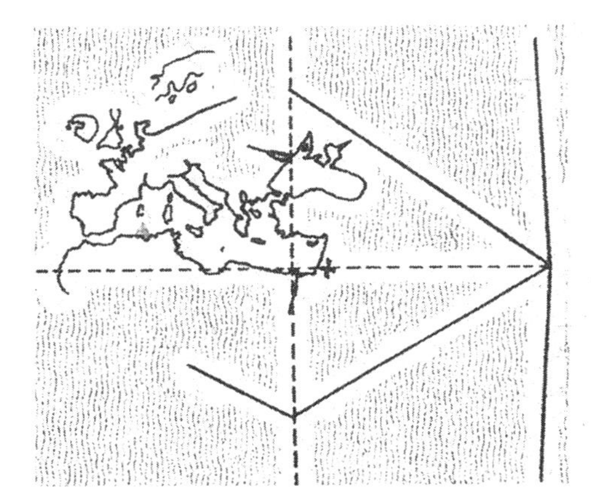

上图：对德·凯尼斯特里斯地图细节的二次投影，显示出经过亚历山大的本初子午线和统一矢量几何网格三角形。

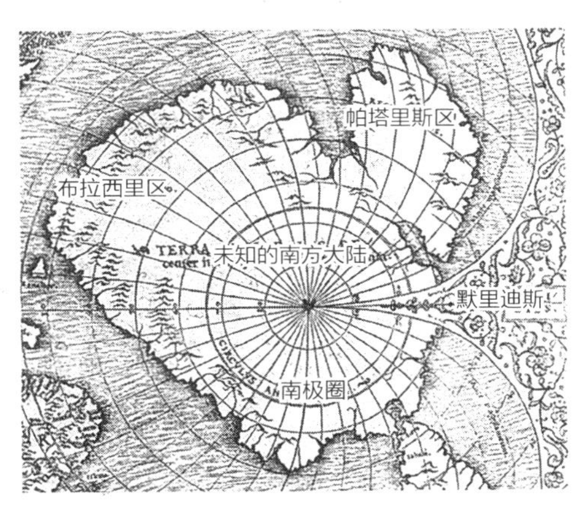

上图：奥伦提乌斯·费纳乌斯世界地图（1532 年绘制）所展现的南极洲。直到 20 世纪后期，才对南极洲进行现代意义上的测绘。

经线调和函数 / 倾听吉萨

LONGITUDE HARMONICS

TUNING INTO GIZA

如果用亚历山大（或是吉萨，位于亚历山大正南方向）来确定本初子午线的位置，那么就可以把许多古老的圣地排在一起，形成清晰的图案。1998 年，作家格葛瑞姆 · 汉卡克提出了一个理论，认为圣地的经度分布呈五边形几何状（见第 039 页上图）。吴哥窟的大佛寺位于吉萨以东，经度为 72° ，是地球自转一周的 1/5。

汉考克的想法可能还有发展空间。洪都拉斯科藩的玛雅遗址和墨西哥的奇琴伊察都在吉萨以西，位于经度120° 处，误差在半度之内，120° 是地球自转一周的1/3。西方国家因为发明了航海天文钟才获取到的地理知识，难道早在几千年前就已经被使用了吗？

奇怪的是，坎特伯雷市的英国圣公会位于吉萨以西，经度为 30° ，是圆周角的 1/12。

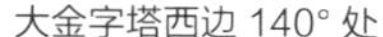
大金字塔西边 140° 处

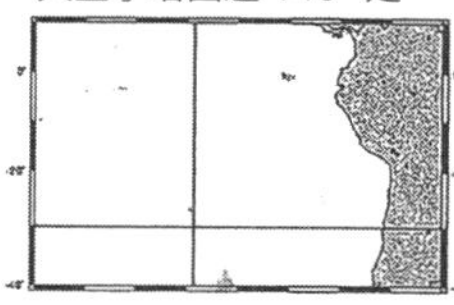
复活节岛位于南纬 27°

大金字塔西边 130° 处

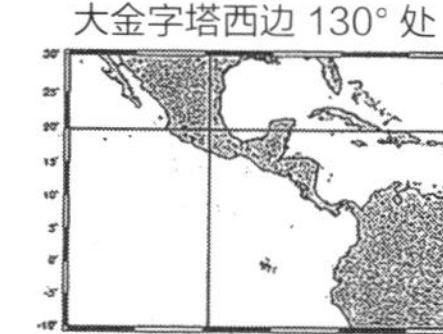
北纬 20° = 特奥蒂瓦坎 & 图拉

大金字塔西边 120° 处

北纬 15° = 科藩 & 基里瓜

大金字塔西边 120° 处

北纬 10 ϕ = 卢巴安顿

大金字塔西边 110° 处

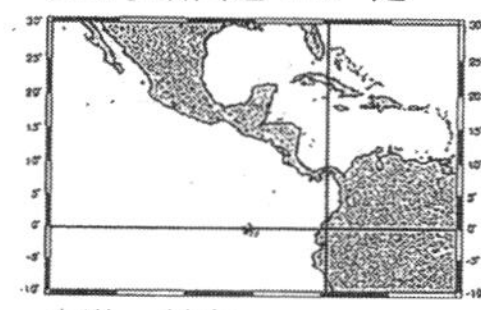
赤道 = 基多

大金字塔西边 100° 处

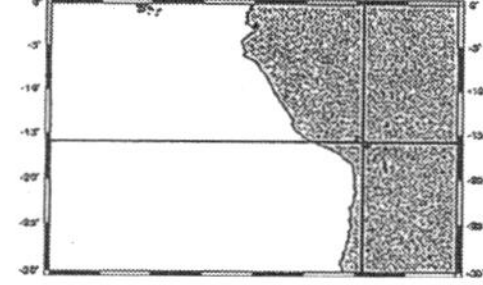
南纬 10 ϕ = 蒂亚瓦纳科

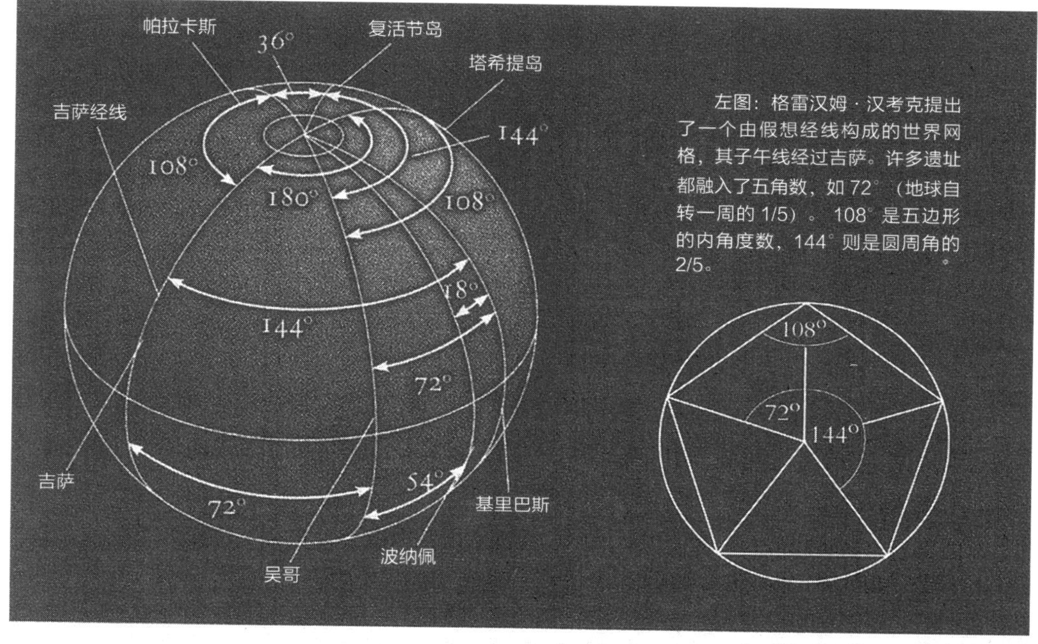

左图：格雷汉姆·汉考克提出了一个由假想经线构成的世界网格，其子午线经过吉萨。许多遗址都融入了五角数，如 72°（地球自转一周的 1/5）。108°是五边形的内角度数，144°则是圆周角的 2/5。

自吉萨开始的经线调和函数
巴勒贝克，黎巴嫩东经 5°
世上最大的巨石阵
吴哥窟，柬埔寨东经 72°
古代主要佛教寺庙
沙万，秘鲁西经 108°
萨满教大石庙
帕拉卡斯三叉图案，秘鲁西经 108°
纳斯卡枝状烛台
蒂亚瓦纳科，玻利维亚西经 100°
金字塔大寺庙
基多，厄瓜多尔西经 110°
北印加首都
奇琴伊察和科潘西经 120°
玛雅主要都城
特奥蒂瓦坎，墨西哥西经 120°
古托尔铁克和玛雅城市
复活节岛西经 140°
面东北西的巨石雕像
基里巴斯，太平洋岛屿东经 144°
古巨石遗址

遗址间的经线调和函数
复活节岛至吴哥窟 144°
圆的 2/5
吴哥窟至塔希提岛 108°
圆周角的 3/10
吴哥窟至基里巴斯 72°
圆周角的 1/5
吴哥窟至帕拉卡斯 180°
圆周角的一半
帕拉卡斯至复活节岛 36°
圆周角的 1/10
巨石阵至波斯尼亚金字塔 19.5°
四面体角的度数（见 48 页）
波斯尼亚金字塔至马丘比丘 90°
圆周角的 1/4
南马都尔，波纳佩至吴哥 54°
圆的 3/12
卡尔纳克，布列塔尼至与那国町 120°
圆周角的 1/3

见附录二——你能发现什么？

纬线调和函数 / 神秘的数字“7”和石圈
LATITUDINAL HARMONICS
SECRET SEVENS AND STONE CIRCLES

圣地不只是根据经线调和函数确定位置。巨大的埃夫伯里石圈有5000 年历史，位于北纬 51° 25 ' 43" 处，正好是圆周（360°）的 1/7（也是赤道和北极之间 90° 弧的 4/7)。卢克索神庙（底比斯），位于埃及，经度为 25° 25' 43"，是 90° 弧的 2/7。为了证明这一分析结果，北美历史学家伊本·赫勒敦（1332—1406 年）在其著作《历史绪论》中描述了古代的世界是如何被横向分为 7 份的。

约翰·米歇尔调查了当地更多具体情况，在 2004 年发现埃夫伯里纬度位于第 52 个平行圈内（即在北纬 51° 到北纬 52° 之间），奇怪的是，这恰好位于北半球的 3/7 处。此外，如果把第 52 个平行圈分为 28 份（见第 041 页右上图），那么埃夫伯里与巨石阵之间的距离不多不少，正好等于 7 份，即长 17.28 英里或 1 纬度的 1/4（罗尔莱特石群靠近牛津郡，位于北纬 52° 处）。埃夫伯里与北纬 52° 也相距 39.497142 英里，正好是极圈半径的 1%。

有趣的纬度现象也发生在古希腊遗址之间。德尔斐、多多那和提洛岛之间都正好相距一度，沿阿波罗圣迈克尔利灵线分布，与赤道形成 60°（见第 041 页下图）。这条线以爱尔兰的斯利克圣迈克尔为起点，一直延伸到以色列的米吉多（哈米吉多顿），长 2500 英里。人们发现设德兰群岛上著名的石圈群纬度是 60°（圆周的 1/6），吉萨的纬度是 30°（圆周的 1/12），前者恰好是后者的两倍。这是巧合呢还是精心设计的结果？

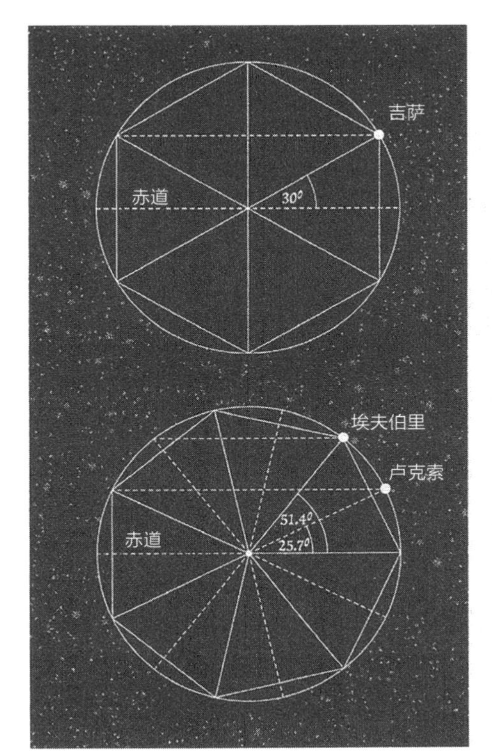

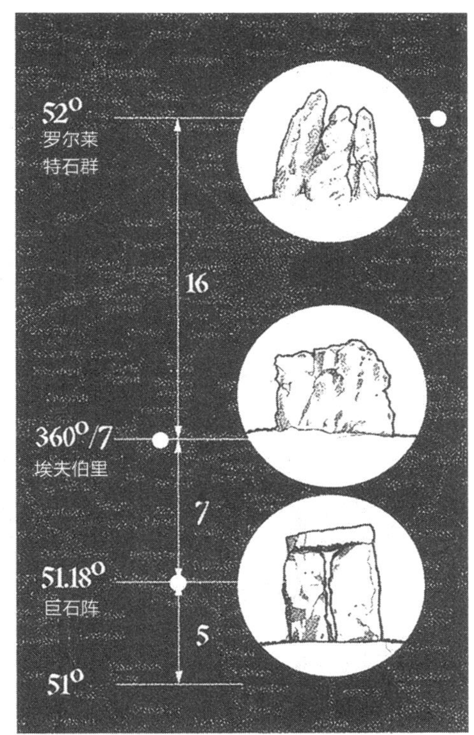

左上图：遗址分别位于地球 90° 弧的 1/6 和 1/7 处（基于希斯、米歇尔和雅各布斯的研究）。

右上图：埃夫伯里的位置恰好处于第 51 和第 52 条纬线间距的 3/7 处。

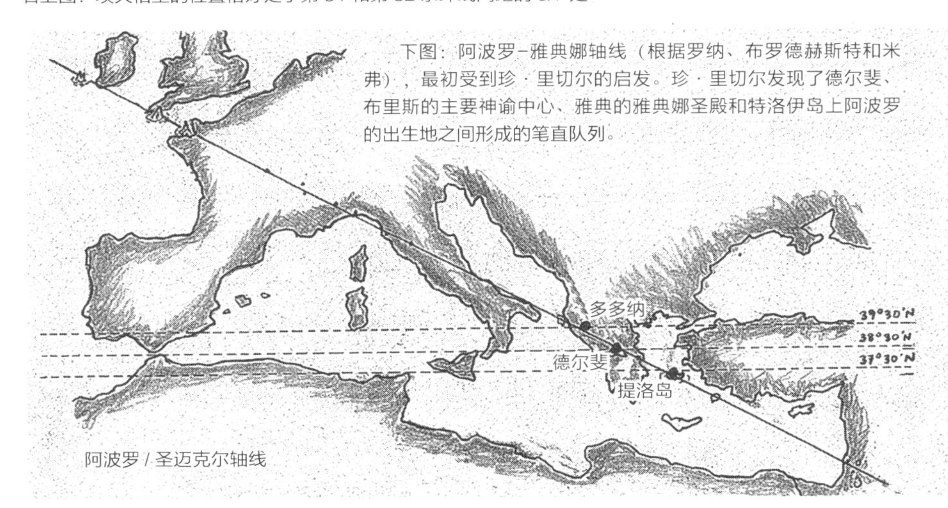

下图：阿波罗–雅典娜轴线（根据罗纳、布罗德赫斯特和米弗），最初受到珍 · 里切尔的启发。珍 · 里切尔发现了德尔斐、布里斯的主要神谕中心、雅典的雅典娜圣殿和特洛伊岛上阿波罗的出生地之间形成的笔直队列。

全球定位 / 遗失的古密码
GLOBAL POSITIONING
LOST CODES OF THE ANCIENTS

古人在修建某些古代遗址时，可能对它们的确切位置已经了然于心。“考古密码学”由卡尔·蒙克首创，使用与遗址的明显特征相关的数字来精确呈现其坐标。例如，奇琴伊察的库库尔坎金字塔有 4 个楼梯、4 个角落、365 层台阶（每一边都有 91 层台阶，顶部还有一个圣坛）和 9 个露台。这些数字相乘等于 52560，该数字被编入库库尔坎的坐标中：库库尔坎位于吉萨以西，纬度为 119° 42' 10.51620648"，而 119 × 42 × 10.51620648 = 52560。怀疑派说卡尔只是“操弄数字”，为结论而选择数据，而其他评论者对此依然充满热情。

在埃夫伯里石圈，我们找到了一个类似的“密码”。1996 年，约翰·马丁诺注意到两处隐蔽的走道，以石圈的两个特殊的“角”为界，这两个“角”之间的连线穿过两个内圈的中心。两个走道形成的角度为圆周的 1/7，即 51° 25' 43"，是该遗址中心位置的精确纬度。埃夫伯里与奇琴伊察之间也正好形成 72° 弧，是地球周长的 1/5。

核对古遗址之间的距离与度数，会产生一些有趣的结果。埃夫伯里位于距塔拉山和纽格莱奇墓地球周长的 1% 处。塔拉山和纽格莱奇墓（爱尔兰最大的巨石建筑）均建于公元前 3000 年，距埃夫伯里 249.4 英里。纽格莱奇墓与大金字塔间的距离是地球大圆（2487.4 英里）的 1/10。俄亥俄州的纽瓦克土方工程距离大金字塔有 6000 英里，它们之间以及与附近土方工程之间的距离体现了天文大地测量学的准确性。（见第 043 页下图，基于詹姆斯·雅各布斯）

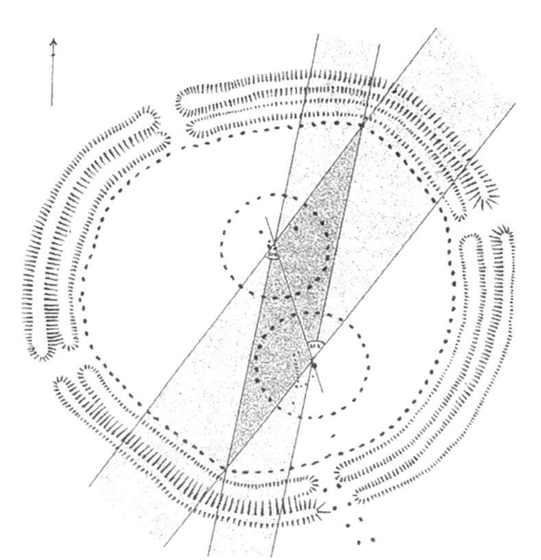

上图：埃夫伯里的两条走道，它们之间的角度等同于该遗址的纬度。

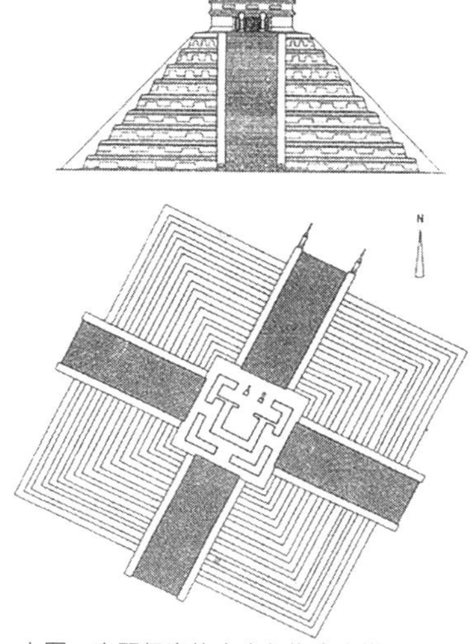

上图：奇琴伊察的库库尔坎金字塔。纬度：119°42′10.51620648″。

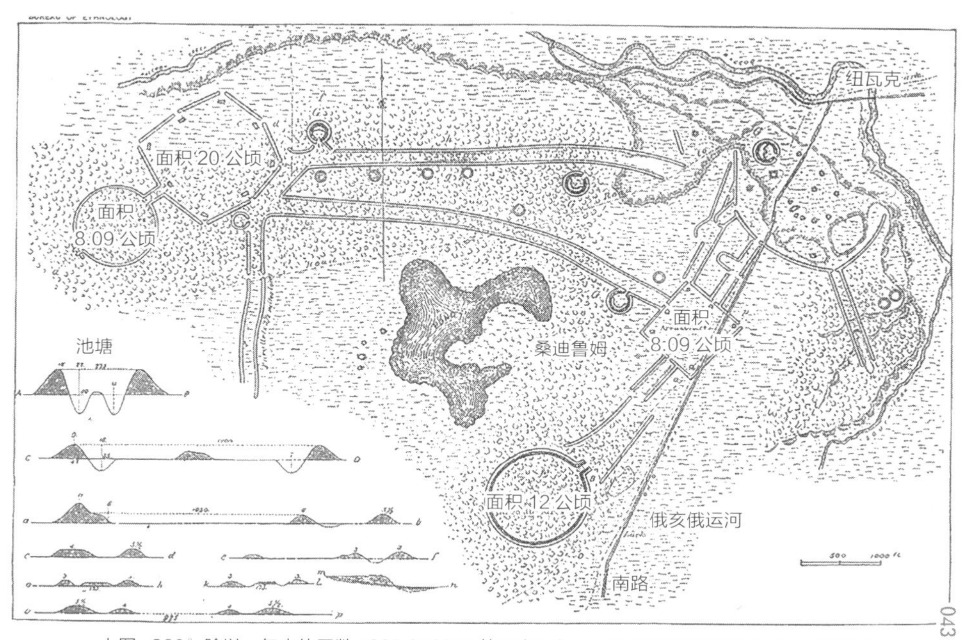

上图：360°除以一年中的天数（365.25636）等于太阳在一天中平均移动的度数，即0.98561°，等于玛丽埃塔广场与纽瓦克八角形（上图）之间的距离。

黄金分割点上的遗址 / 黄金数（φ）之网
GOLDEN SECTION SITES
A WEB OF PHI

黄金分割率是存在于五角星形、二十面体、十二面体和整个自然界中的一个比例。一些研究人员观察到圣地之间数千英里的距离之中存在黄金比例，说明古人可能使用过它来测量地球。

例如，吉姆·埃里森发现的大圆队列令人印象深刻，他在20世纪90年代发现，沿着该队列，吴哥窟与大金字塔之间相距4745英里，大金字塔与纳斯卡之间相距7677英里，这两段距离就形成了黄金比例（0.618或1.618），因为4745×1.618≈7677。艾莉森还发现，遗址间距（英里数）隐藏着斐波那契序列数字。例如，吉萨距纳斯卡7692英里，纳斯卡距吴哥窟12446英里（第360个斐波那契数字是76924，第361个是12446）。

同样地，兰德·弗列姆·亚斯发现，中国西安附近的白色金字塔（编注：西安附近发现的古代皇陵）位于北极与赤道之间的北纬 34° 26' 处，将地球 90° 弧分成黄金比例：3840（距离北极 3840 英里）× 1.618 ≈ 6213（地球 90° 弧的英里数）。弗列姆·亚斯还发现许多遗址接近南北纬 10×1.618° 或 16° 11′。在这些纬度上的遗址包括蒂亚瓦纳科（16° 38'N）和卢巴安顿（16° 17'N），以及第 45 页表格中列出的遗址。

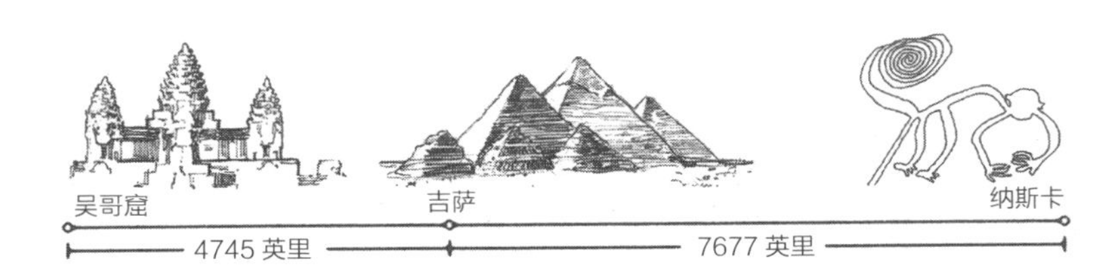

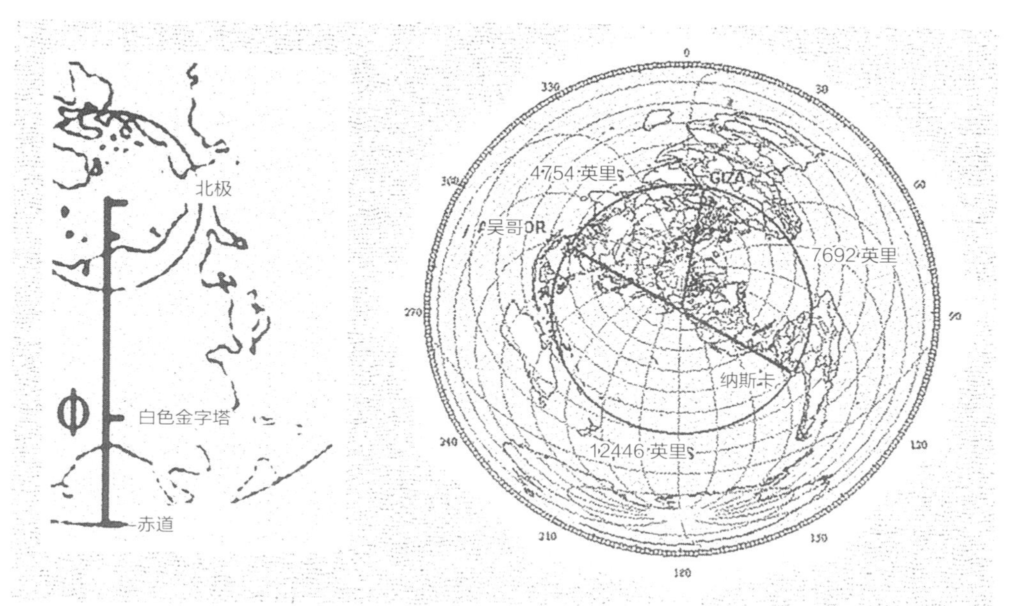

左上图：白色金字塔位于北纬 34° 26'。距北极 3840 英里，是精确的黄金（ϕ）距离。

右上图：（以地球大圆为起点的）黄金（ϕ）间距的投影。

下图：西安附近的白色金字塔。

距赤道（北纬 16° 11'）10ϕ：16° 17'N—卢巴安顿，到 16° 38'N—蒂亚瓦纳科，16° 50'S—赖阿特阿岛

南北极间距 10φ(21° 15')：20° 40'—奇琴伊察，21° 30'—瓦巴尔熔融石

极地距赤道（北纬 34° 23'）10ϕ：34°—巴勒贝克，34° 19'—伊赫丁，34° 22'—西安金字塔

赤道距极地（北纬 55° 37'）10ϕ：55° 40'—基尔温宁（共济会中心），55° 52'—罗斯林

上图：不同“神圣纬度”，采用不同的黄金 90° 和半球分割。

移动的地球网格 /表面滑动与旧极点

THE SHIFTING GRID

SURFACE SLIPPAGE AND THE OLD POLE

查尔斯·哈普古德不仅研究古代地图，而且指出地壳“……好比橘皮；如果橘皮松动，就有可能在橘瓤上整体移动”。众所周知，地球地心富含铁，其内部翻动引起磁极反转（在大西洋中脊的岩石中留下痕迹，见第002页）。此外，哈普古德还提出了一个极端的观点：地球坚硬的石质外壳（岩石圈）偶尔可能会在润滑层上（软流层）滑动。该理论的结论之一是不存在所谓的“冰期”，而是由于极点的运动，不同地区在不同时期被冰雪覆盖。

发生任何此类运动，都非常可能造成世界性的大破坏。兰德·弗列姆·亚斯认为11000至12000年前就发生了这样的事情，当时的两极从哈德逊湾极(见下图)移动了30°，到达现在的位置。

阿尔伯特·爱因斯坦支持哈普古德的理论，认为冰帽质量的增加可能导致这种移动的发生，持续时间从几千年到几天不等。

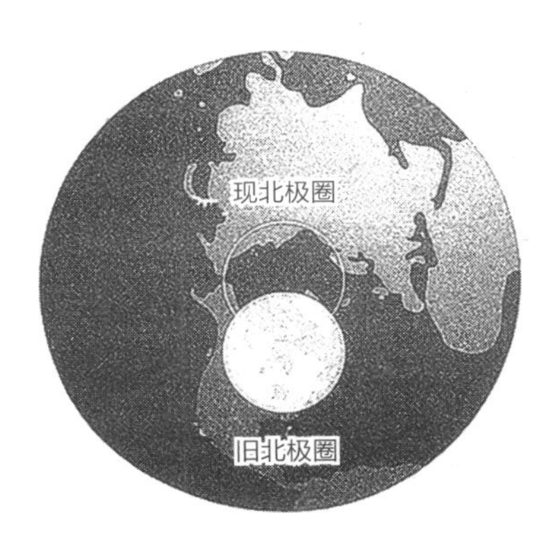

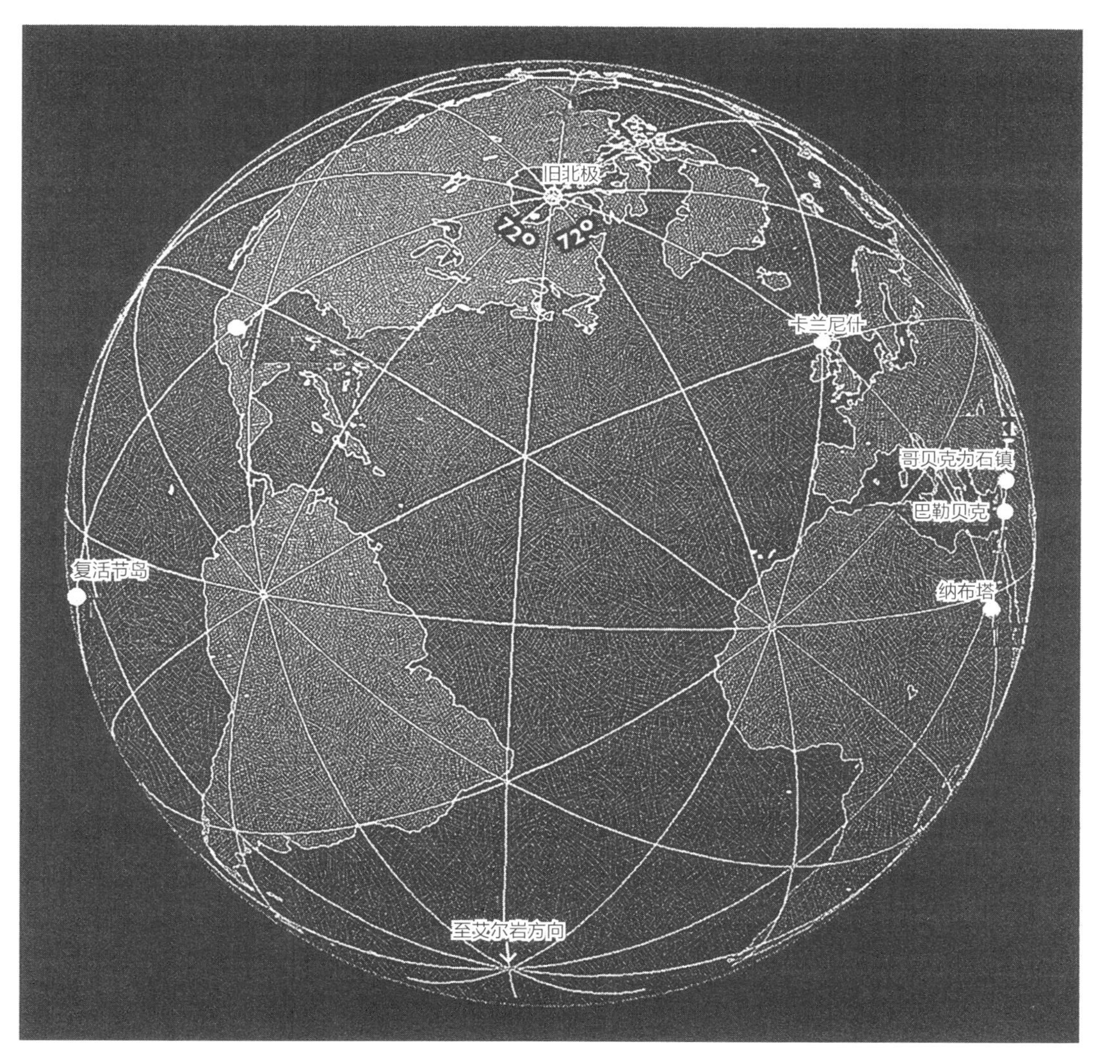

上图：世界网格，具有启示意义，以位于哈德逊湾（60°N，83°W）的旧北极为中心，包含地球上一些最古老的遗址（作者使用约翰·马丁诺的世界网格工程绘制），复活岛和拉萨都恰好在古赤道上（拉萨位于节点上）。纳布塔是迄今为止发现的最古老的岩石圈。哥贝克力石阵是至今发现的最古老的城市，巴勒贝克拥有世界上最大的巨石阵。吉萨、杰里科和纳斯卡都位于北纬15°。巨石阵、罗斯林等英国遗址也面向旧极地所在的位置（50000 至 12000 年前）。以巨石阵为顶点，新旧两极之间形成 46°的角，那时巨石阵位于北纬 46°，是一个 46/46 遗址。同样地，苏格兰的罗斯林是一个 50/50 遗址。事实上，从哈德逊湾极点看，有超过 60 个古遗址都在“神圣纬度”之内，相差不超过半度，很可能是今天所看到的遗址的 5 倍。古代的勘测者是否记录了极地以前发生的位移以及造成破坏的程度？他们为了测量将来发生的滑动，是否在世界各地建立了一系列相互联系的测点？

地球的乐章 /
音流学、天电干扰、大气干扰和呼啸声
EARTH MUSIC
CYMATICS, SFERICS, TWEEKS AND WHISTLERS

地球从不安静，用无限的音符持续演奏出交响乐，只不过人耳难以察觉罢了。地震仪可以检测到地球发出的“嗡嗡”声，这是一种巨大的环形震荡或地震波，神秘莫测，曾被比作印度教神创论中的“唵”声。当太阳风送来带电粒子撞击地球磁场时，极光或“北极之光”也会向太空发出尖叫声和呼啸声（被称为极光千米波辐射）。

如果无线电天线是人耳，我们就会听到雷击发出无线电波的宽带脉冲。这些“天电干扰”“大气干扰”和“呼啸声”在地表和电离层之间来回反弹，以每秒约 100 次的频率撞击地球的某个地方，有时还会沿着磁流线移动，因而在世界各地都能发现这些现象。在地震、火山、流水和高强风的协同下，这支交响乐能否把地球能量组织起来，形成一个振动着的几何网格，而且清晰可辨？

关于声音如何影响物质的研究被称为“音流学”，以希腊语 kymatika 命名（与声波有关的问题）。汉斯·詹尼博士是巴克敏斯特·富勒的学生，他开展了一些巧妙的实验，以不同的自然音阶音乐频率振动含有浅色悬浮微粒（胶体悬浮）的水滴。在小水滴内部，他拍到了复杂的几何图形，周围是连接图形节点的椭圆线条。高频振动产生了最复杂的图案，不同的介质又影响着所产生的图案。詹尼的实验证明声音的确会产生物理奇迹。

上图，从左至右：在二十面体、八面体和十二面体各个面上产生的音流振动圆。

上图：音流图形，根据汉斯·詹妮的照片绘制。汉斯·詹妮有时采用两种音，让光束穿过振动的水，呈现出由十二面体、三面体和六面体构成的三维网状图案。

上图：同样根据汉斯·詹妮照片重绘。松脂在薄膜上振动，产生网状图案，与哈特曼和柯里网类似。

其他星球上的几何体 / 无处不在的能量图案
GEOMETRY ON OTHER PLANETS
ENERGY PATTERNS EVERYWHERE

理查德·霍格兰是美国一位特立独行的研究员。他 1990 年提出，可以用四面体在整个太阳系中界定行星能量在什么位置大规模上涌。顶点在极点处的两个四面体界定了赤道上下的纬度 19.47°。霍格兰注意到，奥林帕斯火山（一座火星火山，比珠穆朗玛峰大 3 倍，太阳系中最高）和夏威夷的基拉韦厄火山（地球上最活跃的火山）都在这个纬度上。在纬度 19.5° 附近，还有太阳表面耀斑活动增强、黑云带环绕土星等现象（见第 051 页上图）。

还存在许多其他行星几何体。木星的大“红点”在纬度 22.5° 上，是地球 90° 弧的 1/4。海王星的“大暗点”与之类似，所处的纬度也相同。伴随“大暗点”的是薄薄的白云带，环绕在海王星周围，由美国国家航空航天局 1994 年 6 月发现。这个暗点在 1995 年 4 月完全消失，但很快又在海王星的北半球出现，纬度依然是 22.5°，云带也没有变！美国宇航局发现再次出现的暗点“几乎是第一个的镜像”。

1981 年，科学家惊奇地发现了一个静止的“波状”六边形，是地球大小的 2 倍，位于土星北极，周围有多层线状云带旋转。天卫五是天王星的卫星，呈现出巨大的三角状特征，类似于二十面体的面和其他多边形区域（由五边形和六边形叠加而成），它们似乎塑造了天卫五的地貌。难道很难想象能量几何体也可能在地球上存在吗？

左上图：球体内的四面体界定了赤道上方和下方的 19.5 纬度。右图：在赤道上方和下方 19.5 处，太阳耀斑活动更加剧烈。

中图：霍格兰观察到，火星上的奥林帕斯火山位于北纬 19.5 处，由四面体的顶点界定。

左下图：位于土星北极的六边形一直保持完好，自 1981 年发现（由美国宇航局提供）以来都清晰可见。

自然网格 / 瀑布、火山与山脉
NATURAL GRIDS
WATERFALLS, VOLCANOES AND MOUNTAINS

吸引人的是，有新证据表明，火山和瀑布等具有重要地貌意义的自然景观，也可能参与地球网格系统的构建。例如，世界两大瀑布（非洲的维多利亚瀑布和委内瑞拉的天使瀑布）相距正好 90°，形成八面体的两个顶点，与吉萨的金字塔对齐（见第 053 页左上图）。另一个八面体，把世界上最活跃的火山——夏威夷的基拉韦厄和两个著名的古遗址——吴哥窟和纳斯卡连在一起。基拉韦厄毗邻世界上最大的火山——冒纳罗亚火山。两者都位于北纬 19.5°，因而与四面体相关（见第 051 页）。

在第 053 页左下图上显示了两个地球圆圈，穿过基拉韦厄火山和世界著名的瀑布，加利福尼亚州沙斯塔山在其中的一个圆圈上，珠穆朗玛峰在另一个上。一些美洲土著人把沙斯塔山视为圣山，精神领袖史盖尔从天上降到山顶，居住于此。这座山也是构成"彩虹巨蛇"（第 028 页）的一个重要地点。

最近，新发现了一个地球圆圈，连接着三个主要的古代世界中心：吉萨、拉萨和汤加的巨石群岛。拉萨的字面意思是"神址"，被尊为西藏最神圣的地方，而在汤加群岛，有数以百计的巨石，包括哈阿蒙加的巨石拱门，与巨石阵相仿。与其他太平洋岛屿不同，汤加从未完全失去对本土的治理，是附近唯一现存的独立君主制国家。有人提议把汤加和夏威夷作为前亚特兰蒂斯雷姆利亚人的文明中心。情况越来越复杂！

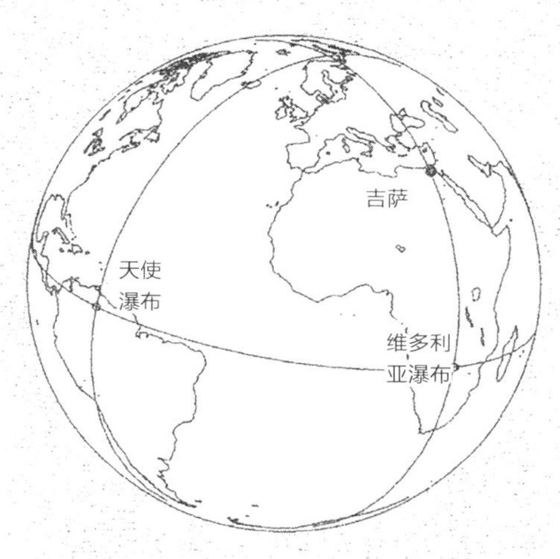

上图：天使瀑布（安赫尔瀑布）是世界上最高的垂直下落瀑布，高达 3212 英尺，与维多利亚瀑布或莫西奥图尼亚瀑布（意思是“雷鸣雨雾”）形成 90° 角，是第二大瀑布（基于马丁诺的调查）。

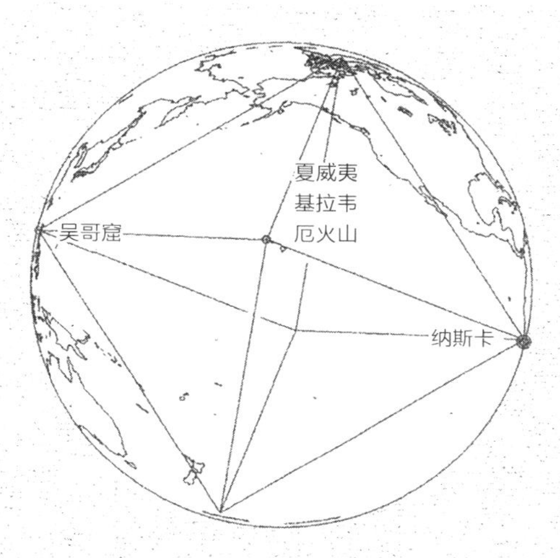

上图：夏威夷群岛由五个盾状火山形成，基拉韦厄火山是其中之一。自1983年1月以来，该火山一直处于活跃状态，毗邻世界上最大的火山——冒纳罗亚火山。

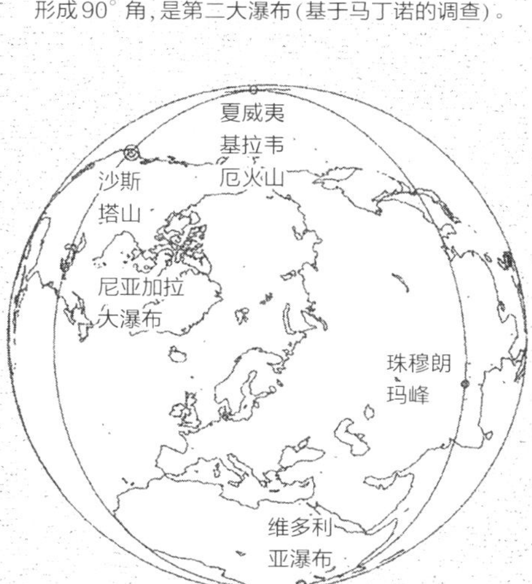

上图：各种团体已经确认沙斯塔山是宇宙能量点、UFO 着陆地、雷姆利亚人的圣地、通向第五维空间的大门和魔法晶体的来源！

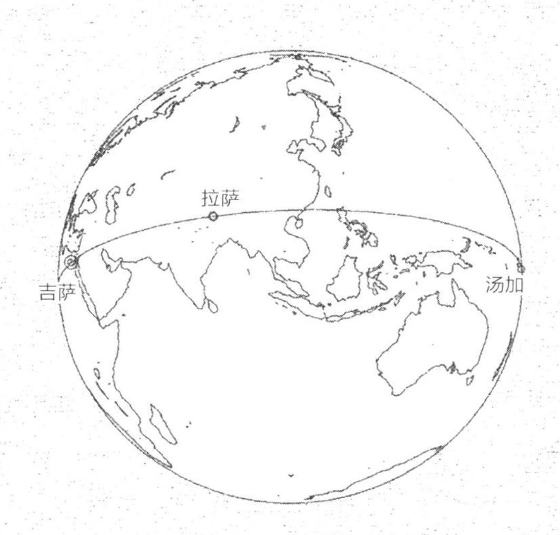

上图：地球圆圈连接着吉萨、拉萨和汤加，这三处可以追溯至史前时期，被视为“神圣中心”。

地球网格的边缘 /反重力、瞬间移动和漩涡
THE FAR SIDE OF THE GRID
ANTIGRAVITY, TELEPORTATION AND VORTICES

关于地球网格，人们众说纷纭，最有争议的一些说法涉及离奇的话题，如UFO飞行路径、反重力和时空旅行。1943年，据说在费城实验期间，美国驱逐舰埃尔德里奇号“消失”在一团迷雾中。凭借船身周围产生的脉动磁场，这艘船被传送到了321千米以外的诺福克码头后又返回。这一切都发生在一条网格线上。

布鲁斯·凯西声称，核试验只能在精确的天文时间内和具体的网格点上进行，使得核战争不可能爆发，因为敌人可能要等待数月才能反击。凯西还声称，不明飞行物从地球网格中获取能量，为飞船提供动力。在古老传说中，梅林让石头从爱尔兰和威尔士漂到了巨石阵，这与凯西的说法一致。巨石飘走的传说也存在于其他世界神话中，甚至在近代还流传着。

科拉尔城堡是一个巨石村，位于佛罗里达州，在18号格点附近，建于20世纪30—40年代。其建造者艾德·利兹考尔林独自完成采石和雕刻，在没有现代工具的情况下，吊起1100多吨岩石。他可能破解了金字塔建筑者的秘密，但是把这些秘密带进了坟墓，因为没有人知道他是如何做到的。

许多地方都观察到了奇异的能量旋涡，在美国的“俄勒冈漩涡”等地，还可能发生时间膨胀、光现象和引力异常。测试此类漩涡点的点线位置，把它们连起来，就会在美国上方形成一种网格状的图案。地球网格最终仍是未解之谜。无论是微能量人造物、古代的巫师还是外星人，人类的想象力，都可以带你踏上奇妙之旅，前往不可思议之地。